Der Führerschein zum
Resilienz Coach Business

Der Führerschein zum
Resilienz Coach Business

Wolfgang Roth
Danny Herzog-Braune
Tim Robert Zander

Impressum

Copyright: Resilienz Consulting
Jahr: Januār 2022, 1. Auflage
ISBN: 9789403649306

Lektorat/ Korrektorat: Tim Robert Zander
Illustrationen: Danny Herzog-Braune
Covergestaltung: Danny Herzog-Braune

Verlagsportal: bookmundo
Gedruckt in Deutschland

Die Deutsche Nationalbibliothek verzeichnet diese Publikation in der Deutschen Nationalbibliografie.

1 Einleitung 7

1.1 Unsere Vision, unser WHY 9

1.2 Unsere Mission 12

2 Ihre drei Fahrlehrer 16

2.1 Danny Herzog-Braune 17

2.2 Tim Robert Zander 19

2.3 Wolfgang Roth 20

3 Die Roadmap – Unsere gemeinsame Fahrtstrecke 24

4 Der Ist-Zustand 29

4.1 Die erschöpfte Führungskraft 35

4.2 Massenkarambolage: Zahlen, Daten und Fakten aus dem Straßenverkehr 40

4.3 Aufruf zur psychosozialen Lage in Deutschland, 2010 43

5 Der Soll-Zustand 47

6 Die Resilienz 50

6.1 Was ist diese Resilienz? 50

6.2 Kritische Betrachtung des Resilienz-Ansatzes 56

7 Unser eigenes Resilienz-Modell: Dein Wagen mit 4 Rädern 61

7.1 Der Bio-Reifen 65

7.2 Der Psycho-Reifen 69

7.3 Der Sozio-Reifen 75

7.4 Der spirituelle Reifen 79

8 Die vier Resilienzfaktoren 84

8.1 Das Selbstvertrauen 86

8.2 Die Soziale Unterstützung 88

8.3 Der Sinn 89

8.4 Das Selbstmitgefühl 90
9 Die Cockpitübernahme 94
10 Die Treppe ins Selbstvertrauen 99
11 Ihr persönliches Belastungs- und Ressourceninventar 104
12 Ihr Werkzeugkoffer 108
12.1 Die Werkzeuge für die Reparatur des Bio-Reifens 108
12.2 Die Werkzeuge für die Reparatur des Psycho-Reifens 109
12.3 Die Werkzeuge für die Reparatur des Sozio-Reifens 111
12.4 Die Werkzeuge für die Reparatur des Sinn-Reifens 112
13 Die gesunde Führung 113
13.1 Gesund führen unter biologischen Aspekten 116
13.2 Gesund führen unter psychologischen Aspekten 117
13.3 Gesund führen unter sozialen Aspekten 119
13.4 Gesund führen unter spirituellen Aspekten 124
14 Das Ubuntu-Prinzip 127
15 Der Zieleinlauf inkl. Zertifikatsübergabe 130
16 Die Führerscheinfragen 136
17 Über die Autoren 140

1 Einleitung

Der Mensch steht bei uns im Mittelpunkt. Sie kennen dieses Statement wahrscheinlich zur Genüge. Meist aus den Hochglanzbroschüren und optimierten Internetauftritten vieler Unternehmen.

Doch ist dem wirklich so? Steht der Mensch im Mittelpunkt, ist dies tatsächlich gelebte Praxis oder doch eher eine Marketing-Phrase?

Wenn der Mensch im Arbeitsleben tatsächlich im Mittelpunkt steht, wie lassen sich dann die steigenden Zahlen an psychischen und psychosomatischen Erkrankungen erklären, die immensen Absentismus- und Präsentismuskosten, und die Ergebnisse der Gallup-Studien, die in regelmäßigen Abständen eruieren, dass nur noch etwa 17 Prozent der Mitarbeitenden motiviert sind, während ein Großteil der Menschen „Dienst nach Vorschrift" praktiziert und ein anderer Teil sogar bereits innerlich gekündigt hat.[1] Da passt doch offensichtlich etwas nicht zusammen.

Unser Team von Resilienz Consulting – wir werden uns bei Ihnen später noch im Einzelnen vorstellen – kommt bei genauerer Betrachtung zu einer ähnlichen Einschätzung.

Schein und Sein weichen tatsächlich nicht selten voneinander ab. Was großmundig und marktschreierisch verkündet wird, sieht im Tagesgeschäft oft ganz anders aus.

Aus unseren unzähligen Begegnungen und Gesprächen mit Menschen, sei es im Rahmen von Vorträgen, Workshops, Seminaren oder individuellen Coachings, und deren ungeschminkten

[1] Gallup Studien, Engagement Index 2020

Erfahrungsberichten, lässt sich wahrlich nicht der Eindruck gewinnen, dass die Mitarbeitenden bereits im Mittelpunkt stehen.

Nicht selten gewinnen wir dabei sogar den Eindruck, dass der Mensch – den vorrangig an wirtschaftlichen Kennzahlen orientierten Unternehmenslenker*innen – eher im Wege steht.

Warum steht er im Weg?

- Weil der Mensch Erholungsphasen braucht und störungsanfällig ist.
- Weil sie „menscheln" diese Menschen, die im Unternehmenskontext anonymisiert als „Mitarbeitende", „Belegschaft" oder „das Personalwesen" bezeichnet werden, und sie nicht wie Maschinen „funktionieren".
- Weil der Mensch Bedürfnisse, Werte und Gefühle hat, menschlich und würdevoll behandelt werden will.
- Weil es für Menschen keine „Bedienungsanleitung" gibt.

Stopp, jetzt gibt es sie. Sie halten sie in Händen. Eine „Bedienungsanleitung" für gesunden und resilienten Umgang mit Menschen, sowohl mit sich selbst als auch mit anderen.

Gewissermaßen ein „TÜV-Abnahme-Siegel", dass in Ihrem Unternehmen eine gesunde (Selbst-)Führung gelebt und nicht nur gepredigt wird.

Einverstanden, „Bedienungsanleitung" klingt ziemlich mechanistisch, direktiv und autoritär, sehr oberlehrerhaft und allwissend.

Vielleicht nennen wir es doch eher eine Handlungsempfehlung oder eine Sammlung hilfreicher und sinnvoller Impulse für ein menschlicheres, gesünderes und resilienteres Leben und Zusammenleben mit sich selbst und anderen.

Alle drei aus unserem Team nicken einvernehmlich. Konsens vorhanden.

Tim Robert Zander, Danny Herzog-Braune und Wolfgang Roth möchten Ihnen mit diesem Buch alles an die Hand geben, was Sie für Ihre eigene FührungsKRAFT brauchen, als auch einen „Werkzeugkasten“ für die gesunde und resiliente Führung Ihrer Mitarbeitenden.

Sie werden im weiteren Verlauf sehr schnell feststellen, dass es sich dabei weniger um Werkzeuge, Methoden und Techniken handelt, sondern eher um eine Haltung. Eine am Menschen orientierte, ermutigende, bestärkende und empathische Haltung, die ein wertschätzendes und würdevolles Miteinander fokussiert.

Unser Buch möchte Sie begleiten auf dem Weg zum Resilienz Coach/Business, der im ersten Schritt das Lenkrad für seine eigene Gesundheit und Resilienz in die Hand nimmt, um im zweiten Schritt zu einem/einer Multiplikator*in von Gesundheitskompetenz, Stressmanagement, Salutogenese und Resilienz im Unternehmen zu werden.

Absolvieren Sie gemeinsam mit uns Ihren persönlichen „Resilienzführerschein", der Sie gelassen durch die Höhen, Tiefen und Haarnadelkurven Ihres anspruchsvollen Führungsalltags navigieren lässt.

Genug der Worte, wir hoffen, dass wir Ihr Interesse geweckt haben. Steigen Sie ein und fahren Sie eine Runde gemeinsam mit uns.

1.1 Unsere Vision, unser WHY

Eine der stärksten Antriebskräfte, möglicherweise sogar der „Erfolgsgarant“ für den Start in ein gesundes und resilientes Leben ist das WHY, das WOFÜR, die VISION.

Viktor Frankl hat es sinngemäß mit der Formulierung zum Ausdruck gebracht:

„Wer ein Wofür hat im Leben, der (er)trägt jedes WIE."

Was ist unser WHY bei Resilienz Consulting? Was inspiriert und motiviert uns, dieses Buch zu schreiben?

Unsere Vision ist es, *Menschen zu stärken und Gesundheit zu fördern.*

Dieses WHY motiviert uns, inspiriert uns, schweißt uns zusammen. Das ist es, wofür wir zusammengekommen sind, dem haben wir uns „verpflichtet".

Wir möchten einen winzig kleinen Teil dazu beitragen, dass Gesundheit auf individueller und kollektiver Ebene, im persönlichen Leben und im gesellschaftlichen Zusammenleben, gefördert wird.

Wir werden später noch sehen, dass diese Vision nur auf der Basis einer gesunden Selbstführung stattfinden kann.

Doch wo, wann und wie wollen wir damit beginnen, diese Kompetenz der „Selbstführung" zu erwerben? Was bereits in Kindergarten, Schule, Ausbildungsbetrieb und Hochschulen präventiv vermittelt werden könnte und sollte, findet aus unserer Wahrnehmung (noch) nicht ausreichend statt.

Die Vermittlung der notwendigen Gesundheitskompetenz, die eine resiliente Selbststeuerung ermöglicht, dürfte längst elementarer Baustein unseres Bildungs- und Erziehungssystems sein. Nur so können wir den rapide steigenden psychischen und psychosomatischen Erkrankungen und einer immer "kränker" werdenden Gesellschaft etwas entgegensetzen.

Das ist unsere tiefe Überzeugung. Frühzeitige, präventive Vermittlung von Wissen und Training einer gesunden Selbstführung als Weg in gesündere Verhältnisse.

Jeder von uns im Team von Resilienz Consulting hat seine eigenen, ganz speziellen Erfahrungen mit Resilienz, Gesundheit, Coping, Stressbewältigung und Stressmanagement gesammelt. Und jeder einzelne seine tiefgehenden individuellen Lebensphasen mit dem drohenden oder tatsächlichen Verlust der persönlichen psychischen und physischen Widerstandskraft. Wir werden im Verlauf unserer Vorstellungsrunde davon berichten.

Sie halten ein Buch in den Händen, das „Aus der Praxis für die Praxis" geschrieben ist. Wir kennen die Anforderungen an Führungskräfte alle selbst, wir haben sie am eigenen Leib erlebt - bis erlitten - und für einen von uns war diese pragmatische Herangehensweise sogar „überlebensnotwendig".

Unsere Erfahrungen wollen wir nun gerne mit Ihnen teilen, in der Hoffnung, dass diese Sie in einer gesunden (Selbst-)Führung unterstützen können, und im Idealfall zur Vermeidung Ihrer eigenen Überlastung beitragen können.

Wir sind zutiefst davon überzeugt, dass Wissen Macht ist. Eine Macht, die uns in extremen und überfordernden Situationen davor bewahren kann, dass wir uns komplett ohne Macht, also *ohnmächtig*, fühlen.

Hilflosigkeit und Ohnmacht können, wenn sie allzu lange andauern, zum Phänomen der „Erlernten Hilflosigkeit" führen. Und diese geht mit depressiven Verstimmungen und Depressionen einher. Diese vermögen dann in das Unternehmen sowie die eigene Familien zu strahlen und somit wiederum die Ausgangslage zu verschlechtern. Diesen „Teufelskreis" sollten wir unterbrechen, und Wissensvermittlung kann dazu beitragen.

Wenn Sie unser Buch gelesen haben, besitzen Sie selbstverständlich erst einmal das theoretische Wissen, Sie *kennen* das, was theoretisch getan werden könnte.

Für die praktische Umsetzung braucht es, wie in so vielen anderen Bereichen unseres Lebens, ein gehöriges Maß an Willenskraft, Schmerztoleranz und Geduld. Denn erst durch das „Tun“ und die Übung *können* wir das, was wir *kennen,* irgendwann auch.

Studien zeigen, dass „Meisterschaft“ in einer Disziplin mit einem Minimum von etwa 20.000 Trainingsstunden einhergeht. Eine stattliche Anzahl. Doch alle, die diesen Weg gegangen sind, haben eines gemeinsam:

Sie haben Ihren Weg zur Meisterschaft stets mit dem ersten Schritt begonnen.

Haben Sie sich bereits für diesen ersten Schritt entschieden, sind Sie bereit? Dann begleiten wir Sie gerne auf Ihrem Weg in eine gesunde, resiliente (Selbst-)Führung.

1.2 Unsere Mission

Aus unserer Sicht sollte jede Führungskraft ein grundlegendes Wissen hinsichtlich gesunder Führung besitzen und ihren Resilienzführerschein absolvieren. Mit dem erworbenen Wissen können sie dann sowohl ihre eigene Gesundheit eigenständig und selbstwirksam steuern als auch im Unternehmenskontext ein gesünderes und resilienteres (Zusammen-)Leben initiieren.

Und dies scheint dringend nötig, denn nicht selten werden uns von Führungskräften unterschiedlichste „toxische Verhältnisse” in den Unternehmen berichtet.

Mit dem Resilienzführerschein schlagen Sie gewissermaßen zwei Fliegen mit einer Klappe, nein, es sind bei genauer Betrachtung sogar drei:

Sie bewirken auf der *individuellen Ebene* ein gesünderes Verhalten, auf der *sozialen Ebene* ein gesünderes Miteinander und gesündere Verhältnisse. Und ergänzend tragen Sie damit auf *wirtschaftlicher Ebene* auch noch zu besseren Unternehmens-Kennzahlen bei.

Wer an diesem Zusammenhang (noch) Zweifel hat, für den könnte unser Buch eine Herausforderung werden, denn aus unserer Sicht ist dies ein unumstößliches Faktum.

Die Verknüpfung von gesunden und resilienten Verhältnissen in Unternehmen und wirtschaftlichen Ergebnissen ist bei uns so in Fleisch und Blut übergegangen, dass wir mittlerweile keine Zeit mehr in Überzeugungsarbeit im Kontakt mit Geschäftsführungen, Personalleitungen und Führungskräften ver(sch)wenden.

Wir haben uns dazu entschlossen, nur noch mit Unternehmer*innen und Führungskräften zu arbeiten, die diese Grundhaltung und Überzeugung mit uns teilen. Menschen, die unsere Vision und Mission notwendig, sinnvoll und inspirierend finden, und sich eine kompetente externe Beratung und Begleitung wünschen.

Unternehmer*innen und Führungskräfte, die erfahrene, vertrauensvolle, visionäre und empathische Fahrlehrer*innen suchen, um gemeinsam mit diesen zu lernen, ihr eigenes Resilienz-Fahrzeug zu lenken. Menschen, die im Anschluss selbst als Fahrlehrer*innen und Multiplikator*innen für Gesundheit in ihren Unternehmen agieren möchten.

Denn nur so kann die Vision von einer gesünderen Unternehmenswelt in absehbarer Zukunft irgendwann Realität werden. Das ist unsere Überzeugung.

Wenn Sie sich zum Mitfahren entschieden haben, dann schnallen Sie sich jetzt bitte an, wir starten in Kürze den Motor.

Zuvor stellen wir uns, wie angekündigt, natürlich noch vor. Sie sollen ja schließlich nicht die Katze im Sack kaufen.

Wer sind wir? Was zeichnet uns aus? Warum sind wir davon überzeugt, dass wir die passenden Fahrlehrer für Sie sind, was die Themen Resilienz und „Gesunde Selbstführung“ anbelangt?

Also auf zur Vorstellungsrunde.

Ihre Fahrlehrer

2 Ihre drei Fahrlehrer

Wer verbirgt sich hinter Resilienz Consulting, wer sind die drei Fahrlehrer, welche Erfahrungen hat jeder einzelne von uns bereits im Verkehr - onroad und offroad - gesammelt? Welche Gefahrensituationen wurden gemeistert? Was haben wir daraus gelernt? Mit welcher Haltung sind wir im Leben unterwegs?

Warum ist es so wichtig, dass wir Ihnen etwas mehr aus unserem Leben berichten?

Weil es letztendlich von einem einzigen Faktor abhängig sein wird, ob Sie zu uns in den Wagen steigen oder nicht:

Vertrauen

Dieses Vertrauen können wir nur gewinnen, wenn wir uns zeigen, Sie an unserem Leben teilhaben lassen, von unseren Erfahrungen berichten, unseren eigenen Höhen und Tiefen, Unfällen und Karambolagen. Denn nur dann werden Sie entscheiden können, ob die „Chemie" stimmt, sich zu uns in den Wagen zu setzen.

Diese Situation lässt sich auf jede Führungstätigkeit übertragen. Wenn Führungskräfte keine vertrauensvolle Beziehung zu Ihren Teammitgliedern aufbauen können, keine Vertrauenskultur erzeugt werden kann, wird die gemeinsame Reise nicht selten zu einer Tortur. Wenn effizient und effektiv (zusammen)gearbeitet werden soll, sollten sich die Fahrzeuginsassen fast blind vertrauen.

Sie werden schnell feststellen, dass wir uns nicht als klassische „Lehrer" verstehen. Wir sehen uns eher als Begleiter, Unterstützer, Ermutiger und Impulsgeber. Wahrscheinlich praktizieren wir in unserer Fahrschule bereits vieles von dem, was unter den Begrifflichkeiten „New Work" und „Agile Führung" postuliert wird.

Aber dazu kommen wir später noch etwas ausführlicher. Starten wir die Vorstellungsrunde mit

2.1 Danny Herzog-Braune

Danny ist während der Wendejahre in einem turbulenten Magdeburger Stadtteil groß geworden, in dem es notwendig und wichtig war, sich zwischen rivalisierenden Gruppen behaupten zu können. Bereits früh musste er lernen, sich auf der Straße durchzusetzen und zu kämpfen, ob er das nun wollte, oder nicht.

Erprobt und geübt im Kampf und der Verteidigung seines Selbst entschied er sich nach dem Abitur gegen ein Kunststudium, um bei der Bundeswehr die Offizierslaufbahn einzuschlagen und dort Staats- und Sozialwissenschaften zu studieren. Er durchlief dort vielfältige Ausbildungen als Heeresoffizier, vom Absolvieren des Offizierpatents in Kriegs- und Völkerrecht, Taktik und Menschenführung über den Sprengberechtigungsschein, militärischem Nahkampf bis hin zum Einzelkämpfer.

Aufgrund seiner umfangreichen Führungskompetenzen wurden ihm frühzeitig sehr anspruchsvolle Aufgaben mit hoher Verantwortung übertragen, wie zum Beispiel beim Elbe-Hochwasser 2002, wo er mit seinen Pionier-Spezialkräften im Einsatz war.

Oder als Offizier in Afghanistan, wo er bis zu 300 Soldaten führte, und gefährliche multinationale Einsätze leitete bei denen auch Kameraden ums Leben kamen. Für seinen kräftezehrenden Einsatz wurde er vom Kommandeur der schnellen Einsatzkräfte mit der Medal for „Courage, Respect, Honour" ausgezeichnet.

Aber nicht nur im militärischen Einsatz unter Extrembedingungen wurde seine Resilienz in höchstem Maße strapaziert, auch im Privaten galt es Niederschläge zu überwinden, so zum Beispiel die Begleitung seines krebskranken Vaters bis in den Tod und die drohende Insolvenz seines Unternehmens während der Corona-Krise.

Danny ist ein Kämpfer durch und durch, ein Fels in der Brandung. Und das mit einem ganz großen Herz und einer unbeschreiblichen Kreativität. Aber ist es nicht oft so im Leben, dass wir erst einige Umwege gehen, bevor wir unserem Kern begegnen? Die Kunst hat er dann aber doch noch in sein berufliches Leben integriert. Aber wir wollen nicht zu viel verraten, lasst seine grafischen Werke in unserem Buch selbst auf Euch wirken.

Seine Aufgabe im Team von Resilienz Consulting beschreibt Danny mit eigenen Worten so:

„Ich habe in den unterschiedlichsten Situationen Herausforderungen, Krisen und Konflikte durchstehen müssen. Sei es als Soldat und Offizier in einem Kriegsgebiet oder bei Naturkatastrophen.

Als Manager und Führungskraft in einem mittelständischen Unternehmen in der Unternehmensnachfolge und Transformation.

Oder als Geschäftsführer einer Managementberatung in Zeiten des großen Lockdowns der weltweiten Corona-Wirtschaftskrise.

Ich bin zutiefst davon überzeugt, dass Resilienztraining Führungskräfte dabei unterstützen kann, auch die herausforderndsten Situationen zu überstehen, ja vielleicht sogar daran wachsen zu können.

Ich habe es am eigenen Leib erlebt.

Mein Wissen möchte ich heute an andere weitergeben."

Mein Motto:

„Erfolg haben heißt, einmal mehr aufstehen, als man hingefallen ist."

(Winston Churchill)

Der zweite Fahrlehrer, der sich Ihnen vorstellen möchte, ist

2.2 Tim Robert Zander

Als hochbegabtes Kind, aufgrund eines familiären Schicksalsschlages im Berliner Brennpunkt aufgewachsen, hat Tim sehr schnell lernen müssen, in einer multikulturellen Welt mit ambivalenten und mehrdeutigen Situationen umzugehen.

Seine Agilität, Widerstandskraft, Anpassungsfähigkeit und gesunde Selbstfürsorge wurden bereits in frühen Jahren trainiert.

Trotz dieser widrigen Voraussetzungen hat er sich nicht brechen lassen, und die erworbene Resilienz in sein heutiges Leben und Arbeiten integriert. Er möchte seine Erfahrungen an andere Menschen weitergeben.

An Kinder und Jugendliche und auch im Rahmen seines gesellschaftlichen Engagements und der Förderung sozio-ökologischer Projekte.

Mit seinem unbändigen Willen, einen kleinen Beitrag zu einer gesünderen und menschlicheren Welt zu leisten, hat er bereits einige Gründungsversuche unternommen.

Neben diversen Erfolgen, wie Präsentationen auf EU-Konferenzen oder dem Sieg bei einem Gründerwettbewerb, hatte er aber auch einige herbe Rückschläge, wie zum Beispiel die Insolvenz eines seiner Start-ups, zu verzeichnen.

Seine umfangreichen Erfahrungen bringt er heute in die Beratung von Unternehmen ein.

Spezialisiert hat er sich auf die Themen Resilienz, agiles Projektmanagement und die Begleitung von Startups.

Worin Tim seine Aufgabe im Team von Resilienz Consulting sieht, beschreibt er in eigenen Worten so:

*„In Zeiten wie diesen, wo permanent neue Herausforderungen an die Führungskräfte („Verkehrsteilnehmer*innen") gestellt werden, im Sinne von Veränderungsbereitschaft, Flexibilität und Resilienz, möchte ich einen kleinen Teil dazu beitragen, Menschen diesbezüglich zu unterstützen.*

Wir können uns noch zu einem gesünderen und menschenzentrierteren Miteinander entwickeln. Das braucht zum einen Wissen und zum anderen Kompetenzen.

Wir brauchen eine nachhaltige Transformation unserer Unternehmensstrukturen und auch unserer eigenen persönlichen Haltung.

In unserer Hochleistungs- und Wettbewerbsgesellschaft nehmen Erschöpfung und Burnout rapide zu. Depression wird zur Volkskrankheit.

Mobbing und Bossing sind fester Bestandteil der Arbeitswelt.

Ich möchte (m)einen bescheidenen Beitrag dazu leisten, dass sich an diesen Verhältnissen etwas ändert."

Ganz im Sinne des Ausspruchs von Mahatma Gandhi:

„Sei Du selbst die Veränderung, die Du Dir wünschst für diese Welt."

Die Vorstellungsrunde beendet der dritte im Team von Resilienz Consulting

2.3 Wolfgang Roth

Seit einem Vierteljahrhundert beschäftigt sich Wolfgang mit den Themen Salutogenese, Vulnerabilität, Stressmanagement, Burnout-Prävention und Resilienz.

Als Wirtschaftspsychologe, Therapeut und Führungskräfte-Coach begegnet er täglich Menschen, denen ihre Kraft zunehmend schwindet. Sie bewegen sich in Richtung Erschöpfung, „Burnout" und Erschöpfungsdepression.

Nach langen Jahren als Führungskraft in der Personalentwicklung hat er sich nach der eigenen Erschöpfung in die Freiberuflichkeit begeben. Für ihn ist der Aufstieg und der Abstieg, der Erfolg und das Scheitern kein Bücherwissen, sondern ein erlebter Prozess.

2013 hat er das Institut für Resilienz ins Leben gerufen, 2021 wurde er Mitgründer von Resilienz Consulting. Er hat sein Leben der Resilienz gewidmet und versteht sich heute als „Brückenbauer" zwischen den Welten Wirtschaft und Psychologie.

Worin er seine Aufgabe im Team von Resilienz Consulting sieht, beschreibt er folgendermaßen:

„Wirtschaft braucht Psychologie, Führung braucht FührungsKRAFT."

„Ich bin dankbar, dass ich all´ diese Lebenserfahrungen sammeln durfte und möchte das Erfahrene nun an andere Menschen weitergeben. An Menschen, die es brauchen können, an diejenigen, denen dieses Wissen dienlich sein kann. Und hier sehe ich insbesondere die Führungskräfte, denn an diese werden immense Anforderungen gestellt. Die eigene Resilienz zu bewahren, wird für Menschen in der „Sandwich-Position" eine immer größere Herausforderung. Zunehmend sogar zur Überforderung."

„Bedauerlicherweise werden persönliche Schwächephasen im Unternehmenskontext – und speziell bei und unter den Führungskräften – oftmals noch als „Makel" und „Scheitern" angesehen. Erschöpfung und Erkrankung werden tabuisiert und stigmatisiert."

*"So laufen Führungskräfte nicht selten Gefahr – selbst mit einer nur vorübergehenden Minderleistung –, als „Low Performer*in" betrachtet und „abgestempelt" zu werden. Daher schweigen die Erschöpften und gehen nicht selten in den sozialen Rückzug. Das*

muss jedoch nicht sein, es gibt genügend Möglichkeiten zur Steigerung der eigenen Resilienz."

„In der Vermittlung dieses Wissens und der ermutigenden und stärkenden Begleitung von Führungskräften sehe ich meine Aufgabe und Berufung."

Ein Ausspruch, der sein privates und berufliches Wirken begleitet, entstammt dem Talmud:

„Wer das Leben eines Menschen rettet, der rettet die ganze Welt."

So, nachdem Sie uns jetzt kennengelernt haben, können Sie noch einmal überprüfen, ob Sie an Bord bleiben möchten. Wenn dem so ist, erklären wir Ihnen im nächsten Schritt unsere Fahrtstrecke bis zum Ziel.

Roadmap
Coach

3 Die Roadmap – Unsere gemeinsame Fahrtstrecke

Schön, dass Sie noch an Bord sind und die Reise mit uns fortsetzen. Sie möchten Ihren Resilienzführerschein also wirklich absolvieren. Das freut uns sehr. Sowohl Ihre eigene Resilienz und Gesundheit als auch die Ihrer Mitarbeitenden, wird es Ihnen danken.

Nachfolgend eine kleine Auswahl an Rückmeldungen, die wir von Führungskräften, die den Resilienzführerschein absolviert haben und nun selbst als Fahrlehrer*innen in ihren Unternehmen unterwegs sind.

„Dieses Wissen sollten alle Menschen in Führungsverantwortung besitzen. Es schafft Orientierung, ermutigt, bestärkt und unterstützt in der anspruchsvollen Tätigkeit."

„Wenn ich das schon früher gewusst und trainiert hätte, wäre meine eigene Erschöpfung wahrscheinlich vermeidbar gewesen."

„In unserer Organisation wird so häufig von „gesunden Menschen in gesunden Unternehmen" geredet, aber was heißt das konkret? In der Tiefe haben wir sehr wenig Ahnung davon. Es geht eben nicht nur um gesünderes Kantinenessen, Lauf- und Yogagruppen oder mobile Massage am Arbeitsplatz, sondern um viel mehr. Worum es wirklich geht, das haben wir bei der Ausbildung zur Resilienz Coach/Business lernen dürfen."

Diese Testimonials sind das „Öl für unser Getriebe", der Treibstoff, der uns an unserer Vision festhalten und immer wieder weitermachen lässt, trotz vieler Hindernisse, Rückschläge und Niederlagen.

Denn Gesundheit, Resilienz und Stressmanagement haben sich lange Zeit nicht gerade wie „geschnitten Brot" auf dem Markt verkaufen lassen. Nicht selten sind wir uns eher wie Verkäufer von

Sauerbier vorgekommen. Die Zeit war noch nicht reif für Gesundheitsthemen, zumindest in vielen Unternehmen noch nicht.

Resilienz, nice-to-have, längst noch kein must-have.

Die Zeiten haben sich geändert, die Haltung in den Unternehmen auch.

Resilienz wird zunehmend unverzichtbar, denn agiles Arbeiten braucht zwingend Resilienz.

Und selbstverständlich haben in diesen herausfordernden Zeiten auch in uns die Roten Lämpchen immer wieder aufgeleuchtet, ging uns der Sprit aus, begann der Motor zu qualmen oder wir rutschten sogar von der Fahrbahn in die Leitplanke.

Doch haben wir im Lauf der Zeit, über unzählige Trainingseinheiten und ein gerüttelt' Maß an Entwicklungsschmerz gelernt, immer wieder auf die Fahrbahn zurückzukommen. Mit oder ohne fremde Hilfe. Manchmal hat unser persönlicher Werkzeugkoffer dafür ausgereicht, manchmal durften wir dafür auch den Abschleppwagen rufen. Doch ging es bisher immer wieder weiter. Früher oder später ist unser Fahrzeug immer wieder gefahren, sei es nach einem kürzeren Stopp auf dem Standstreifen oder einer längeren Auszeit in der Reparatur-Werkstatt.

Damit das auch Ihnen gelingt, haben wir dieses Buch geschrieben. Betrachten wir im Folgenden, über welche Stationen wir ins Ziel und zur Übergabe Ihres Resilienzführerscheins gelangen.

An **Station 1** beschreiben wir den Ist-Zustand.

Wir gehen darauf ein, wie dieser sich auf die Führungskräfte selbst auswirkt, auf deren Teammitglieder und auf die Unternehmen.

Mit welchen Unfällen, bis hin zu Massenkarambolagen, haben wir es – um in unserer Welt der Fahrzeuge, Führerscheine, Krafttankstellen etc. zu bleiben – aktuell zu tun?

Wir werden betrachten, wie sich die fehlende Gesundheitskompetenz und Resilienz sowohl auf individueller und kollektiver als auch auf betriebs- und volkswirtschaftlicher Ebene auswirkt.

An **Station 2** werden wir einen Sollzustand skizzieren und den Weg, wie dieser aus unserer Sicht erreicht werden kann.

Die Übernahme von Selbstverantwortung und die persönliche Entwicklung vom Fahrschüler zum Fahrlehrer spielen dabei eine entscheidende Rolle.

An **Station 3** erfahren Sie, was allgemein unter Resilienz verstanden wird, welche Definitionen und Modelle verwendet werden, und auch welche Missverständnisse diesbezüglich aus unserer Sicht kursieren. Wir werden den Resilienz-Ansatz auch einer kritischen Betrachtung unterziehen.

An **Station 4** zeigen wir Ihnen Ihr (Resilienz-)Gefährt, Ihren „Wagen mit vier Rädern".

Dieses Arbeitsmodell haben wir selbst über einen langen Zeitraum entwickelt. Anhand des Modells erkennen Sie sehr schnell die wesentlichen Bauteile eines gesunden und resilienten Lebens und auch, wie die einzelnen Aspekte ineinandergreifen und miteinander interagieren. Ein wunderschöner und komplexer Wagen, den Sie da steuern, das sei schon einmal verraten.

An **Station 5** lernen Sie die wesentlichen Resilienzfaktoren kennen. In Anlehnung an die Gedanken von Dr. Joachim Galuska und seine formulierten „3S" haben wir aufgrund der Forschungen zu Self Compassion – vorrangig durch Kristin Neff – das Selbstmitgefühl als vierte Komponente hinzugefügt. Sie werden die „4S" im Detail kennenlernen, die Ihnen ermöglichen, Ihr Fahrzeug immer wieder auf die Straße zu bringen.

An **Station 6** übernehmen Sie den Platz im Cockpit. Ab jetzt sind Sie dafür verantwortlich, dass Sie selbst und die anderen Verkehrsteilnehmer*innen möglichst unfallfrei auf den Straßen unterwegs sind.

Da dieser Schritt in die Selbstverantwortung so wesentlich ist, betrachten wir, warum er uns nicht selten so schwerfällt.

Weil Selbstvertrauen in diesem Zusammenhang so bedeutsam sind, widmen wir diesem Aspekt an **Station 7** ein eigenes separates Kapitel. Die „Treppe ins Selbstvertrauen" zeigt uns, welche Schritte nötig sind, um diesen Resilienzfaktor „erklimmen" zu können.

An **Station 8** dürfen Sie dann selbst noch ein wenig aktiver werden. Sie erarbeiten Ihr persönliches Belastungs- und Ressourceninventar über folgende Fragestellungen:

Wo sind meine individuellen Krafträuber und Kraftspender?

Wie kann ich mein Fahrzeug stabilisieren? Welche Reifen brauchen Luft?

Mit dieser (Selbst-)Erfahrung schärfen Sie zugleich Ihre Wahrnehmung und Ihr Bewusstsein hinsichtlich der Sie umgebenden Mitmenschen/Mitarbeitenden. Wem bewusst ist, was das eigene Wohlbefinden beeinflusst, kann diese Erkenntnisse leicht(er) auf sein Umfeld übertragen, im Sinne von:

Was Du nicht willst, das man Dir tu´...

Sie wissen schon.

An **Station 9** geben wir Ihnen einen „Werkzeugkoffer" für gesunde (Selbst-)Führung an die Hand. Sie werden sehen, dass er Methoden und Techniken beinhaltet, dass die Haltung, mit der Sie diese

Werkzeuge anwenden möglicherweise die entscheidende Rolle dabei spielt. Letztendlich ist es doch wieder der Mensch, der darüber entscheidet, wie ein Werkzeug zum Einsatz gelangt.

Nach dieser intensiven Trainingseinheit gehen wir an **Station 10** dazu über, das Wissen „gesunder Selbstführung" auf eine gesunde Führung der Mitarbeitenden zu übertragen.

Wo liegen die Unterschiede, die Herausforderungen, was dürfen Sie als Führungskraft ergänzend einbeziehen?

„Ubuntu" widmen wir in diesem Zusammenhang mit einer gesunden und resilienten Führung auf **Station 11** ein eigenes Kapitel. Ubuntu berührt unser Herz jedes Mal aufs Neue und sehr wahrscheinlich auch das Ihre. Aber lassen Sie sich überraschen von dieser Haltung, die möglicherweise der Schlüssel für ein menschlicheres und gesünderes Leben und Zusammenleben in unserer Unternehmenswelt sein kann.

An **Station 12** absolvieren Sie dann Ihre Führerschein-Prüfung. Wir stellen Ihnen 100 Fragen, die wir als wichtig, sinnvoll und notwendig erachten im Zusammenhang mit einer gesunden (Selbst-)Führung.

Station 13 stellt den Endpunkt unserer Route dar. Wir fahren gemeinsam durchs Ziel.

Wir überreichen Ihnen Ihren Führerschein. Sie sind nun

Resilienz Coach/Business.

Wir wünschen Ihnen und Ihren Mitfahrenden allzeit eine sichere, gesunde und resiliente Fahrt.

Passen Sie gut auf sich auf!

4 Der Ist-Zustand

Warum sollte jede Führungskraft ihren Resilienzführerschein besitzen?

Wie bereits angekündigt werden wir nicht viel Energie darauf verwenden, Sie zu überzeugen oder gar zu überreden.

Statistiken, Zahlen, Daten, Fakten und Beweise haben wir über die letzten Jahre ausreichend gesammelt, aufbereitet, in Präsentationen und Handouts dargestellt und überreicht.

Wer heutzutage noch daran zweifelt, bei dem ist jedes Wort „vergebene Liebesmüh´". Wer daran glaubt, braucht keine weiteren Argumente, Zahlen, Daten und Fakten.

Wer in der aktuellen Situation noch immer davon überzeugt werden will, dass wir in unserer Arbeitswelt einen gravierenden Veränderungsbedarf haben, in Richtung eines gesünderen und resilienteren Zusammenlebens und –arbeitens, der kann, will oder darf die gravierenden Auswirkungen offensichtlich nicht sehen.

Die „Unfälle" bis „Massenkarambolagen" sind an der Tagesordnung und so offenkundig, dass es schon einer ziemlichen Verdrängungsenergie - bis hin zum Abstreiten und Leugnen - vorhandener Tatsachen bedarf, dies zu negieren.

Es kann natürlich auch sein, dass es sich gar nicht um einen Verdrängungsprozess, sondern eher um eine andere abweichende Prioritätensetzung handelt, im Sinne von:

„Selbstverständlich resultieren aus unserem Verhalten als Unternehmer*innen Unfälle und Massenkarambolagen in menschlicher Hinsicht, aber solange die wirtschaftlichen Zahlen stimmen, ist das ein akzeptabler Kollateralschaden."

Nun denn, dann werden wir wohl eher nicht im gleichen Fahrzeug nebeneinandersitzen.

Das Team von Resilienz Consulting fokussiert Unternehmenslenker*innen, denen die Situation bewusst ist, und die sich freiwillig und intrinsisch motiviert die Frage stellen, wie Unfälle, Massenkarambolagen und die daraus resultierenden immensen Kosten zukünftig reduziert werden können. Wir werden natürlich noch genauer darauf eingehen, was wir unter Unfällen und Massenkarambolagen verstehen. Bitte haben Sie noch ein wenig Geduld.

Wir werden die Ist-Situation aus zwei unterschiedlichen Blickwinkeln betrachten.

Zum einen mit dem menschlichen Auge, zum anderen mit dem wirtschaftlichen Auge. Beide Betrachtungsweisen gehören für uns untrennbar zusammen. Im Austausch mit Führungskräften stellen wir jedoch nicht selten fest, dass es nach wie vor als "entweder-oder" angesehen wird, anstatt eines "sowohl-als auch". Resilienz Consulting versteht sich in seiner Arbeit als Brückenbauer zwischen der menschlichen und wirtschaftlichen Sichtweise, und versucht diese gemeinsam mit Ihnen zu etablieren.

Unter dem menschlichen Aspekt stellt sich die Ausgangssituation so dar, dass immer mehr Führungskräfte in die Erschöpfung, den Burnout, die Erschöpfungsdepression oder andere psychische Erkrankungen gehen.

Das erzeugt persönliches, privates Leid bei den Betroffenen, bei deren Familien, Angehörigen und Freunden, und natürlich auch bei den Kolleginnen und Kollegen im Unternehmen.

Es erzeugt aber auch „wirtschaftliches Leid", im Sinne der daraus entstehenden immensen betriebs- und volkswirtschaftlichen Folgekosten.

Dass hier ein enormer Handlungsbedarf existiert, kann daran abgelesen werden, dass sich die Gesetzgebung dazu entschlossen hat, Unternehmen zur Durchführung einer psychischen Gefährdungsbeurteilung zu verpflichten. Als Ergänzung zu den bisher eher physischen Gefährdungen.

Der Mensch ist eben nicht nur ein biologisches Lebewesen, sondern auch ein psychologisches. Wir werden später sehen, dass sogar noch zwei weitere Faktoren („Reifen") dazu kommen. An dieser Stelle soll es jedoch erst einmal genügen, den physiologisch-psychologischen Zusammenhang zu verdeutlichen.

Ist diese gesetzliche Vorgabe allein nicht schon Begründung genug, für die Notwendigkeit und Sinnhaftigkeit, dass Unternehmen das Thema Gesundheit stärker fokussieren sollten? Dass sie die individuelle Gesundheitskompetenz ihrer Führungskräfte, die Team-Resilienz und auch die organisationale Resilienz stärken sollten?

Und dies im Idealfall natürlich aus einer am Menschen orientierten, humanistischen Haltung und Überzeugung, nicht als „Mittel zum Zweck" für eine Optimierung der Kennzahlen.

Braucht es wirklich noch weitere Begründungen oder Beweise, dass seit langem schon ein dringender Handlungsbedarf besteht? Das Gesetz zur Durchführung der „Psychischen Gefährdungsbeurteilung" wurde 2013 erlassen. Seitdem ist fast ein Jahrzehnt vergangen und sage und schreibe ein Drittel der Unternehmen hat diese gesetzliche Vorgabe bisher umgesetzt, wie Untersuchungen zeigen. Noch Fragen?

Ja, selbstverständlich haben wir diesbezüglich noch einige Fragen, die offen sind und deren Beantwortung uns wirklich brennend interessieren würde.

Zum Beispiel:

Liegt es daran, dass Unternehmen nicht wissen, wie sie die Vorgabe der „Psychischen Gefährdungsbeurteilung" (PGB) umsetzen sollen? Ist es demnach eine Frage des Könnens?

Oder liegt es eher daran, dass Unternehmen die PGB nicht umsetzen wollen? Eine rhetorische Frage, Sie merken es, weil diese sich aufgrund der gesetzlichen Vorgabe gar nicht stellt.

Und dennoch schwingt bei einem Umsetzungsgrad von gerade einmal einem Drittel schon die Frage mit, ob wirklich alle Unternehmen „nur" nicht wissen, wie die Einführung und Umsetzung stattfinden kann.

Wer den Menschen in den Mittelpunkt stellt, dem reicht ein Blick in die psychosomatischen und psychiatrischen Kliniken, in denen die leidenden, erschöpften, süchtigen, depressiven und teilweise suizidgefährdeten Führungskräfte versuchen, ihre FührungsKRAFT wiederzugewinnen.

Oder auch ein Gespräch mit den Angehörigen von Führungskräften, die in der Erschöpfungsdepression keinen anderen Ausweg aus der Hoffnungslosigkeit mehr gefunden haben, und die Suizidgedanken in die Tat umgesetzt haben.

Ist Ihnen das zu hart?

Ja, es ist hart. Und es ist gleichermaßen Realität. Eine Realität, die zum Leben und Zusammenleben dazu gehört, wie Unfälle und Massenkarambolagen im Straßenverkehr.

Das (Ver-)Schweigen dieser Tatsachen, das Tabuisieren und Stigmatisieren bringt uns dabei keinen Schritt weiter. Ganz im Gegenteil, es verhindert die Vermeidung künftiger Unfälle und zukünftigen menschlichen Leids, weil wir uns durch Tabuisierung, Stigmatisierung und Verdrängung nicht weiterentwickeln können. Wir dürfen diese Themen endlich in Angriff nehmen. Die Zeit der Flucht und des Tot-Stellens darf ein Ende nehmen.

Seit Jahrzehnten reden wir von „Lernenden Organisationen". Veränderungsbereitschaft, Change-Management, Agile Unternehmensführung sind in aller Munde. Alle paar Jahre wird im sprichwörtlichen Sinne „eine neue Sau durch das Dorf getrieben" und "alter Wein in neuen Schläuchen" präsentiert. Doch es verändert sich nicht viel. Oder zumindest sehr zäh und schleppend.

Wenn wir Führungskräfte aus den Unternehmen in Kliniken begleiten, wenn wir sie parallel zu den Aufenthalten dort "coachen", wenn wir ihre "Wiedereingliederung" gemeinsam vorbereiten, deren Ängste, Scham und Zweifel betrachten und mitfühlen. Und auch dann, wenn wir Familien begleiten, denen Polizei und Seelsorger*innen den Suizid eines Familienmitglieds übermittelt haben, oder wir traumatisierten Triebfahrzeugführer*innen begegnen, die einen "Personenschaden" zu verzeichnen hatten.

Harter Tobak, ja.

Und gleichzeitig tägliches Erleben für uns im Team.
Diese Welt kennen wir von Resilienz Consulting auch. Sie ist zwar oftmals kein direkter Bestandteil der Unternehmenswelt, und dennoch indirekt mit ihr verknüpft, weil die sozialen Verbindungen eben weit verzweigt und wir ja alle irgendwie miteinander vernetzt sind, sei es nun innerhalb der Unternehmen oder außerhalb.

Wir können, wollen und dürfen diese Aspekte deshalb nicht ausblenden. Und wir wünschen uns endlich eine deutliche Veränderung der beschriebenen Verhältnisse.

Es ist höchste Zeit, dass wir uns weiterentwickeln. Die roten Lämpchen leuchten schon lange.

Die erschöpfte Führungskraft

4.1 Die erschöpfte Führungskraft

Führungskräfte sollen sich selbst und ihre Mitarbeitenden gesund und resilient führen.

Sie werden gewissermaßen immer mehr zu „Gesundheitsmanager*innen" in den Unternehmen.

Doch werden sie auf diese anspruchsvolle Aufgabe auch entsprechend vorbereitet? Erhalten sie Schulungen zum Thema „Sich selbst und andere gesund führen”?

Ist den Führungskräften bekannt, wie sie ihre eigene Resilienz und die der anvertrauten Mitarbeitenden stärken können?

Sind Workshops, Seminare, Aus- und Weiterbildungen bereits so selbstverständlich wie die Trainings in Präsentation, Moderation, Projekt- und Zeitmanagement?

Oder werden Gesundheitsthemen immer noch etwas „stiefmütterlich” behandelt? Zu weich, zu soft, nicht sinnvoll, keine Notwendigkeit?

Die Zahlen sprechen hier eine eindeutige Sprache. Immer mehr Führungskräften schwinden die Kräfte. Sie entwickeln Ängste, Panikstörungen, Süchte unterschiedlichster Art, gehen in die Erschöpfung, das Burnout oder die Erschöpfungsdepression. Manche verzweifeln, verlieren die Hoffnung und wählen den Suizid.

Ist Ihnen das zu hart? Zuviel Realität?

Es ist die Realität, der wir in unserer Arbeit immer wieder begegnen, und das nicht nur in Ausnahmefällen.

Warum SIE davon nicht so viel mitbekommen? Ob wir hier nicht etwas übertreiben, dramatisieren? Tut schließlich dem Geschäft gut, oder?

Glauben Sie uns, wir würden gerne sehen, dass die Verhältnisse andere wären, doch dem ist nicht so. Wir reden nur nicht darüber.

Kein Unternehmen schätzt den in die Öffentlichkeit getragenen Suizid wegen Burnouts und Mobbing. Kein Unternehmen die Publicity wegen sexueller Übergriffe oder Bossing.

Das wird gerne unter den Teppich gekehrt oder Unterstützung von außen nur unter strengster Verpflichtung zur Verschwiegenheit angefordert.

Nein, wir übertreiben nicht. Wir begegnen den erschöpften Führungskräften in unterschiedlichsten Kontexten. Sei es in psychosomatischen Kliniken, Schmerz- oder Traumakliniken, auf Suchtstationen oder in MPU-Vorbereitungen, wenn die Sucht zum Entzug der Fahrerlaubnis geführt hat.

Und dann berichten sie uns von ihren Belastungen und Überlastungen, die sie auch in der Öffentlichkeit äußern – wie Arbeitsverdichtung, ständige Verfügbarkeit, permanente Change-Prozesse in den Unternehmen, Konkurrenzdenken, Stühle-Sägen und Intrigen –, aber auch von den Aspekten ihres Lebens, die sie ausschließlich hinter verschlossenen Türen erwähnen:

- die Probleme in der Ehe oder Partnerschaft
- die fehlenden Partnerschaften wegen zu wenig Zeit
- die pubertierenden Kinder
- die pflegebedürftigen Eltern
- den Suchtmittelmissbrauch
- die Ohnmacht und die Existenzängste
- die schwindende Sinnhaftigkeit
- die Suizidgedanken

Doch für derart menschliche Aspekte unseres Daseins ist in unserer Gesellschaft und unseren Unternehmenskulturen oftmals noch kein Platz und kein Verständnis.

Beispiele?

Psychische Erkrankungen, im Fachjargon „F-Diagnosen" – googeln Sie einfach ICD/F-Diagnosen, dann werden Ihnen die unterschiedlichsten psychischen Erkrankungen aufgelistet –, können immer noch dazu führen, dass Sie keine Verbeamtung erhalten, oder dass Ihnen der Abschluss einer Berufsunfähigkeitsversicherung verwehrt wird.

Es ist leider so, dass wir mit einer derartigen Diagnose immer noch etwas vorsichtig umgehen sollten in der Kommunikation nach außen. Das sollte längst nicht mehr notwendig sein. Eine psychische Erkrankung sollte genauso selbstverständlich sein wie jede biologische.

Was glauben Sie, wie oft wir Sätze hören wie:

„Ich hätte so gerne einen gebrochenen Arm."

Wenn Menschen besonders verzweifelt sind, wird der gebrochene Arm oder das gebrochene Bein auch einmal durch Krebs ersetzt.

Und in den tiefsten Tiefen erzählen Menschen, dass sie auf dem Heimweg immer an einem Brückenpfeiler vorbeikommen, der eine entsetzliche Anziehungskraft für sie entwickelt hat.

Warum schreiben wir das in dieser Deutlichkeit?

Wir haben uns zum Ziel gesetzt einen kleinen Beitrag zur Enttabuisierung und Entstigmatisierung von Erschöpfung, Burnout und Depression zu leisten.

Hören wir damit auf, Menschen mit psychischen Schmerzen anders zu behandeln als wir es bei körperlichen Schmerzen tun. Unser Gehirn trifft dabei keine Differenzierung – sowohl biologische als auch psychische Schmerzen münden im gleichen Areal – machen wir also auch keinen Unterschied.

Unterstützen wir Menschen in Phasen der Erschöpfung, Niedergeschlagenheit, Trauer, Angst und Schmerz, anstatt sie zu bewerten, zu beurteilen und zu verurteilen.

Unterstützen wir die Führungskräfte in ihrer extrem fordernden Aufgabe, die sie nicht selten in einer „Sandwich-Position" zu erledigen haben. Druck, Erwartungen, Zielvorgaben und Beurteilungen von oben, Erwartungen, Bedürfnisse und Anspruch an wertschätzende und würdigende Führung von unten. Nicht selten der Versuch einer "Quadratur des Kreises".

Begleiten wir Führungskräfte auf ihrem Weg zu „Gesundheitsmanager*innen" im Unternehmen und schulen sie rund um die Themen Psyche, psychische Gesundheit, Resilienz, Salutogenese, Stressmanagement und (gesunde) Führung.

Unser Buch und unsere Ausbildung zum Resilienz Coach/Business sollen Sie in die Lage versetzen, Gesundheit zu fördern, Burnout zu vermeiden und Resilienz zu steigern, denn Gesundheitskompetenz wird neben Fachkompetenz, Sozialkompetenz und Persönlichkeitskompetenz zu einem „Must-have" für Menschen in Führungspositionen.

Führung braucht FührungsKRAFT. Wie Sie IHRE Führungskraft und Resilienz steigern können, möchten wir Ihnen zeigen, sowohl theoretisch als auch in der Praxis.

Wenn wir die Situation wie soeben auf individueller Ebene betrachten, dann könnten wir diese, um in unserem Bild der Fahrzeuge und des Straßenverkehrs zu bleiben, als Unfälle betrachten, die Bestandteil des Lebens sind. Immer passiert irgendwo etwas, wird geregelt und „repariert", der Verkehr fließt weiter. Was wir jedoch auf struktureller Ebene wahrnehmen, gleicht schon eher einer „Massenkarambolage", die seit Jahrzehnten besteht, und wo „gar nichts mehr vorangeht". Stillstand. Lassen Sie uns darauf noch kurz eingehen.

Die Massen-Karambolage

4.2 Massenkarambolage: Zahlen, Daten und Fakten aus dem Straßenverkehr

Wie gesagt, Unfälle sind Bestandteil unseres Lebens. Es ist unvermeidbar, dass Menschen vorübergehend ihre Kraft verlieren, in die Erschöpfung, das Burnout oder gar eine (Erschöpfungs-) Depression gehen.

Was aus unserer Sicht jedoch durchaus zu vermeiden wäre, sind die extrem langen Wartezeiten bis diese Menschen Unterstützung erhalten.

Wenn wir mit unserem Wagen stehen bleiben, kommt meist innerhalb von zwei Stunden der ADAC oder Abschleppdienst, erleidet der Mensch einen psychischen Unfall, hat er mittlerweile eine durchschnittliche Wartezeit von 24 Wochen in Kauf zu nehmen. Sechs Monate Warten auf Hilfe. Und das ist nicht erst seit gestern so. Vor über zehn Jahren wurde dieser desaströse Zustand bereits in einer Petition beklagt. Passiert ist seitdem nichts. Ganz im Gegenteil, die Wartezeiten für therapeutische Unterstützung steigen eher an.

Von einem am Menschen orientierten Gesundheitssystem können wir hier aus unserer Sicht längst nicht mehr reden. Und wir wollen und können auch die „Ja, aber"-Stimmen nicht mehr hören:

„Ja, aber in Deutschland haben wir doch eines der besten Gesundheitssysteme überhaupt."

„Ja, aber wir haben doch die Kassenärztliche Vereinigung."

„Ja, aber... Ja, aber..."

Der Zustand ist untragbar. Mit einem gebrochenen Bein würden wir eine Wartezeit von sechs Wochen auch nicht tolerieren. Warum tun wir bei psychischem Schmerz etwas, was bei körperlichem Schmerz undenkbar wäre?

Liegt es daran, dass psychische Schmerzen doch noch anders betrachtet werden?

Unser Gehirn betrachtet sie keineswegs anders. Sowohl physischer als auch psychischer Schmerz mündet - wie bereits gesagt - im selben Schmerzzentrum.

Das Leiden der Menschen wird durch die fehlende Hilfeleistung verlängert und die Wahrscheinlichkeit einer Chronifizierung der Schmerzen und anderer Symptome steigt.

Für manche wird das psychische Leiden in Verbindung mit der gleichzeitig unterlassenen „sozialen Unterstützung" so niederschmetternd, dass sie aufgeben.

Und wir bewegen uns mit dieser Darstellung keineswegs hauptsächlich im therapeutischen Bereich, das sind vielfach Schilderungen aus Coachings mit Führungskräften.

Und die Zahlen steigen. Während psychische Erkrankungen vor 20 Jahren noch nahezu bedeutungslos waren, sind sie heute zweithäufigste Diagnosegruppe bei Krankschreibungen bzw. Arbeitsunfähigkeit, laut dem BKK Gesundheitsreport von 2018.

Ein gemeinsamer Bericht der „Organisation for Economic Cooperation and Development", (OECD) und der Europäischen Kommission geht von 600 Milliarden Euro pro Jahr aus, die den Staaten der Europäischen Union durch psychische Erkrankungen entstehen.

Ein Großteil dieser Kosten ist auf niedrigere Beschäftigungsquoten (Absentismus) und eine geringere Produktivität von Menschen, die trotz Erkrankung am Arbeitsplatz erscheinen (Präsentismus) zurückzuführen.

Sehr traurig ist die Entwicklung, dass bereits immer mehr Kinder und Jugendliche Auffälligkeiten und Störungen im psychischen

Bereich entwickeln. Anpassungs-, Angst- oder Schlafstörungen, Burnout, Depression, sowie psychosomatische Störungen steigen rapide an. Psychosomatische Beschwerden oder Schmerzen sind „Erkrankungen", die keine erkennbare organische Ursache haben. Die Psyche (Glaubenssätze und Gefühle) schmerzt so sehr, dass sie sich über den Körper zum Ausdruck bringt.

Wir haben lange überlegt, ob wir tatsächlich „Massenkarambolage" als Kapitelüberschrift wählen, doch letztendlich erschien uns die Bezeichnung angesichts des geschilderten Ist-Zustands nicht übertrieben.

Hier darf endlich etwas geschehen.

Wir sind uns natürlich dessen bewusst, dass wir, was den großen Rahmen anbelangt, „nur" den Finger in die Wunde legen können. Im Extremfall müssen wir die gesamtgesellschaftlichen Entwicklungen möglicherweise relativ hilflos und ohnmächtig in Kauf nehmen. Wie gesagt, seit über 10 Jahren herrscht Stagnation in diesem Thema.

Wo wir aber aktiv werden können, ist im Kleinen. Angefangen bei der kleinsten Einheit, beim Individuum, bei uns selbst. Hier können wir in die Selbstverantwortung gehen und eigenständig für unsere Gesundheit und Resilienz aktiv werden. Wenn wir das entsprechende Wissen haben und die notwendigen Kompetenzen verfügen.

Und dieses möchten wir Ihnen im Folgenden vermitteln.

Zuvor wollen wir Ihnen aber noch die „Petition" anfügen, damit Sie ein Gespür für die Versorgungslage von Menschen mit psychischen oder psychosomatischen Schmerzen gewinnen. Unserem Team von Resilienz Consulting ist die Gesundheit und das Wohlbefinden von Menschen oberstes Anliegen. Die Verbreitung des Textes ist uns ein Herzensanliegen.

Nachfolgend der Aufruf von Wissenschaftler*innen und Klinikmanager*innen aus dem Jahre 2010. Wir sind über das sehr lesens- und empfehlenswerte Buch „Handbuch Resilienztraining“[2] von Sylvie Kére Wellensiek darauf aufmerksam geworden und möchten ihn sehr gerne mit Ihnen teilen. Er geht unter die Haut und kann aus unserer Sicht gar nicht oft genug weiterverbreitet werden, denn die beschriebene Situation ist aktueller denn je.

4.3 Aufruf zur psychosozialen Lage in Deutschland, 2010

In unserer täglichen Praxis als Klinikmanager*innen und Wissenschaftler*innen sind sie allgegenwärtig:

die psychischen und psychosozialen Erkrankungen der Menschen. Wir erleben die persönlichen Schicksale, die hinter den Statistiken stecken, und wir sind erschüttert. Denn seelische Erkrankungen und psychosoziale Probleme nehmen in allen Industrienationen ständig zu. Mittlerweile leiden rund 30 Prozent der Bevölkerung innerhalb nur eines Jahres an einer diagnostizierbaren psychischen Störung. Am häufigsten sind Depressionen, Angststörungen, psychosomatische Erkrankungen und Suchterkrankungen. Die Weltgesundheitsorganisation prognostiziert, dass Depressionen bis zum Jahr 2020 nach den Herz-Kreislauf-Erkrankungen die zweithäufigste Erkrankung der Welt werden. Dadurch wird der Herzinfarkt beinahe vom „Infarkt der Seele“ abgelöst.

Betrachtet man die Anzahl der Psychologen, Psychotherapeuten und Psychiater und setzt sie in Relation zu den Erkrankungszahlen, dann wird deutlich, dass die Fachleute rund drei bis fünfmal so viele Patienten behandeln müssten, um allen Betroffenen Hilfe bieten zu können. Somit ist eine angemessene medizinische und therapeutische Versorgung derzeit in Deutschland und auch weltweit nicht mehr möglich. Denn obwohl die Anzahl an

[2] "Handbuch Resilienztraining" von Sylvie Kére Wellensiek

psychosozialen medizinischen Versorgungsangeboten wächst, steigen die Betroffenenzahlen bereits seit Jahren schneller als die Zahl aller Fachkräfte. Wir haben mit unseren bisherigen Mitteln den Kampf gegen diesen massenhaften „Seeleninfarkt" also bereits verloren. Selbst mit unglaublichen Geldmitteln (woher sollten diese kommen?) ließe sich kein Seelenfrieden in unserer Gesellschaft erkaufen. Deshalb müssen wir dringend über diesen Befund reden. Jetzt.

Die Ursache dieser Problematik besteht nach unseren Beobachtungen in zwei gesellschaftlichen Entwicklungen: Zum einen nimmt die psychosoziale Belastung des Einzelnen durch individuellen und gesellschaftlichen Stress, wie zum Beispiel Leistungsanforderungen, Informationsüberflutung, seelische Verletzungen, berufliche und persönliche Überforderungen sowie Konsumverführungen stetig zu. Die notwendige Abwechslung zwischen Phasen der Entspannung und der Anspannung fällt dadurch weg.

Zum anderen reduzieren sich die sozialen Beziehungen der Menschen sowohl in qualitativer als auch quantitativer Art auf ein Minimum. Die sogenannten familiären Zerfallsprozesse, also weniger stabile Familien und Ehen, führen zur Vereinsamung. Der Mensch ist aber ein „Gesellschaftstier", tragfähige soziale Beziehungen stabilisieren ihn. Auch die geforderte berufliche Mobilität und der Versuch, die Einsamkeit durch virtuelle Beziehungen etwa über Facebook zu kompensieren, führen zu einer Reduzierung tragfähiger sozialer Beziehungen.

Die Folge aus den aufgezeigten Entwicklungen ist, dass bei vielen Menschen die eigene Kompetenz, ihr Leben zu gestalten, psychosoziale Problemlagen zu lösen und erfüllende soziale Beziehungen einzugehen, den Anforderungen und Herausforderungen dieser gesellschaftlichen Entwicklungen nicht gewachsen ist. Viele fühlen sich zunehmend überfordert und gestresst und finden keinen Weg heraus aus der Schnelligkeit des Lebens.

Dass sich die Gesellschaft hauptsächlich an materiellen und äußeren Werten orientiert, spitzt die Lage zusätzlich zu. Dabei wird die Bedeutung des Subjektiven, der inneren Werte und der Sinnverbundenheit kaum wahrgenommen. An einem Beispiel verdeutlicht, könnte man sagen, dass ein Manager danach gemessen wird, wie viel Profit er macht. Dass aber sein Erfolg viel größer sein könnte, wenn er sich mit seiner Arbeit identifiziert und er das Gefühl hat, eine sinnvolle Arbeit zu leisten, wird übersehen.

Über diese erschreckende Entwicklung haben wir, 19 leitende Ärzte psychosomatischer Kliniken, diskutiert. Wir sind zu dem Entschluss gekommen, dass das Ausmaß der Problematik in unserer Gesellschaft nicht ausreichend wahrgenommen wird. Um der erschreckenden Prognose der WHO entgegenzuwirken, brauchen wir in der Gesellschaft einen Dialog über die Bedeutung des Subjektiven, des Seelischen, des geistig-spirituellen, des sozialen Miteinanders und über unseren Umgang mit Problemen und Störungen in diesem Bereich. Um diesen Dialog in der Gesellschaft anzustoßen, haben wir zunächst in unseren Fachnetzen eine Initiative gestartet, deren Grundstein ein Aufruf mit unseren Grundansichten ist. Mittlerweile haben 1250 Personen, die sich für einen Dialog über die zunehmende psychosoziale Belastung der Menschen in Deutschland engagieren wollen, unterschrieben - und das durch alle gesellschaftlichen Ebenen hindurch. Dadurch wird deutlich, dass dieses Thema den Nerv der Zeit trifft. Zielgruppe des ab heute für jedermann zugänglichen Aufrufs sind alle Menschen, die sich verantwortlich fühlen, an einer Bewusstseinsbildung zu diesem Thema mitzuwirken (www.psychosozialelage.de).

Die Unterzeichner setzen sich ein für einen neuen Ansatz der Prävention, der sich auf die grundlegenden Kompetenzen zur Lebensführung, zur Bewältigung von Veränderungen und Krisen und zur Entwicklung von tragfähigen und erfüllenden Beziehungen konzentriert. Dieser Präventionsgedanke kann schon bei der Gesundheitsbildung der Kinder im Kindergarten oder in der Schule ansetzen. Dort könnten sie zum Beispiel während eines Schulfachs „Gesundheit“ Selbstführung erlernen und soziale Kompetenz außerhalb der Familie entwickeln.

Die Initiative für einen gesellschaftlichen Dialog über die „psychosoziale Lage in Deutschland“ engagiert sich zudem für eine ganzheitliche, im echten Sinne psychosomatische Medizin, die die gegenwärtige Technologisierung und Ökonomisierung der Medizin durch eine Subjektorientierung und eine Beziehungsdimension ergänzt. Das bedeutet, dass der Mensch nicht mehr nur als „Patient“ angesehen werden darf, sondern sein Menschsein an sich wieder in den Vordergrund rücken sollte.

Zudem soll durch den gesellschaftlichen Dialog erreicht werden, dass in der Wirtschaftswelt, in der die Profit- und Leistungsorientierung im Vordergrund steht, eine Sinn- und Lebensorientierung für die Tätigen eine größere und grundsätzlichere Bedeutung erlangt. Auch ein integrierender und Sinn stiftender Umgang mit dem Alter, der die sozialen Bezüge erhält, ist Gegenstand der Initiative.

Warum wir uns einmischen?

Weil wir glauben, dass man etwas verändern kann, wenn man nur will. Doch all die Wünsche, die unsere Initiative hat, nützen nichts, wenn sie niemand hört. Deshalb gehen wir damit an die Öffentlichkeit. Aber wir glauben nicht, dass nur ein bestimmter Sektor der Gesellschaft, wie etwa die Schule, die Familie, die Politik, die Wirtschaft oder die Medien, dafür verantwortlich ist, sondern dass es sich um eine allgemeine und grundlegende Entwicklung der modernen Gesellschaften handelt, die nicht angemessen wahrgenommen wird. Deshalb wenden wir uns in erster Linie auch nicht an Vertreter dieser gesellschaftlichen Bereiche, sondern an Sie als Mitbürger unserer Gesellschaft und als Menschen, die sich in irgendeiner Weise (mit)verantwortlich fühlen. Denn um den massenhaften Infarkt unserer Seele zu verhindern, brauchen wir „mehr Herz für die Menschen".

5 Der Soll-Zustand

Nach der ausführlichen Darstellung der Ist-Situation möchten wir einen Soll-Zustand skizzieren, der aus unserer Sicht zu weniger individuellen Unfällen und kollektiven Massenkarambolagen führt.

Ein Zustand, der sich dadurch kennzeichnet, dass allen Verkehrsteilnehmer*innen sowohl ihr eigenes Fahrzeug in der Tiefe vertraut ist, als auch die Art und Weise eines gemeinsamen gesunden Umgangs miteinander im Straßenverkehr.

Dabei kann aus unserer Einschätzung der Resilienz-Führerschein eine wesentliche Rolle spielen. Und das nicht nur im Bereich Führungskräfte-Training. Wir sind jetzt bereits in Überlegungen, die Inhalte altersgruppengerecht aufzubereiten und damit in Kindergärten, Schulen, Ausbildungsbetriebe und Hochschulen zu gehen.

Je früher wir mit der Vermittlung und dem Training von Gesundheitskompetenz beginnen, umso besser. Das Kind muss nicht immer erst in den Brunnen fallen.

Fächer wie „Selbstvertrauen stärken", „Soziale Unterstützung", „Sinnfindung" oder auch „Empathie und Mitgefühl" sollten Einzug finden in unser Bildungswesen.

Auf diese Weise können Themen wie Salutogenese, Stressmanagement, Burnout-Prävention und ganzheitliche Gesundheit gesamtgesellschaftlich in Fleisch und Blut übergehen.

Betrachten wir im Folgenden, was allgemein unter Resilienz verstanden wird, sowie unser eigens entwickeltes Resilienz-Modell des „Wagens mit vier Rädern".

Sind Sie bereit? Dann steigen Sie ein und lassen sich eine Runde durch die Welt der Resilienz mit uns chauffieren. Anschließend wechseln wir dann und Sie übernehmen das Cockpit.

Resilienz

6 Die Resilienz

6.1 Was ist diese Resilienz?

Wenn Sie Ihren Resilienzführerschein absolviert haben, werden Sie sehr wahrscheinlich von irgendjemandem aus dem privaten oder beruflichen Umfeld gefragt:

„Du hast doch diesen Kurs in Resilienz gemacht, jetzt erklär´ doch mal, was sich hinter diesem Begriff verbirgt!"

Glauben Sie uns, selbst wir kommen bei dieser Frage immer wieder ins Schwitzen.

Auch nach unserer langjährigen und tiefen Auseinandersetzung mit diesem Thema. Wie das sein kann?

Weil sich die Beantwortung der Frage über die Jahre für uns verändert hat. Weil Wissenschaft sich weiterentwickelt. Weil die Veränderung die einzig wahre Konstante ist.

Die Frage, was diese Resilienz denn nun eigentlich sei, ähnelt – um im Bild des Fahrzeugs mit vier Rädern zu bleiben – in etwa der Frage:

Du fährst doch jetzt Auto. Wodurch kennzeichnet sich denn eigentlich ein Auto und dieses Autofahren?

Was würden Sie darauf antworten? Hätten Sie eine passende Antwort parat?

Ähnlich ergeht es uns mit der Frage nach der Resilienz.

Versuchen wir uns im weiteren Verlauf dennoch eine Antwort zu erarbeiten, wohlwissend, dass es keine allgemeingültige Aussage dazu gibt.

Geben Sie Resilienz bei Google ein, werden Ihnen mittlerweile über drei Millionen Einträge angeboten, aus denen Sie wählen können, die Einsteiger*innen ins Thema eher verwirren als Orientierung ermöglichen. Versuchen wir etwas Klarheit zu erzielen.

Ursprünglich stammt der Begriff Resilienz aus der Physik und beschreibt den Vorgang, dass ein Gegenstand, der durch Druck „verbogen“ wird, in seine Ausgangsstellung zurückspringt, wenn dieser Druck zurückgenommen wird.

Uns gefällt das Bild eines Schwammes, der zusammengedrückt wird, und beim Öffnen der Hand in seine ursprüngliche Form zurückkehrt – sehr anschaulich und nachvollziehbar.

Und sicherlich haben Sie auch den Vergleich eines resilienten Menschen mit einer „Stehaufmännchen-Spielfigur“ schon einmal gesehen, die nach Berührung kippt, um sich anschließend schnell wieder in die senkrechte Ausgangsstellung zurückzubewegen.

Sie werden bei der Recherche noch auf viele weitere Verbildlichungen und Beschreibungsversuche stoßen, wie dem Bambus, der nicht bricht, dem Leuchtturm oder dem Felsen, der den tosenden Wellen standhält, bis hin zur Teflonpfanne, an der die Widrigkeiten des Lebens „abtropfen“.

Sie werden es bereits bemerkt haben. Wir bewegen uns mit all diesen Analogien und Vergleichen in einer eher materialistischen Welt. Doch was bedeutet Resilienz auf das Lebewesen Mensch bezogen?

Die ersten Versuche, das Phänomen auf den Menschen zu übertragen, waren etwas befremdlich aus unserer Sicht.

Resiliente Menschen wurden als „Invulnerable“ angesehen, als Unverletzbare.

Was macht den Menschen unverletzlich?

Hier kann damals nur ein gewisser „Größenwahn“ mitgespielt haben, denn selbst Achilles hatte seine Ferse.

Und ob es jemals zum Ziel des Menschen werden sollte, unverletzlich zu werden, sei in Frage gestellt. Der Schritt zu einem „Roboter-Dasein“ erscheint uns da nicht mehr weit.

Die „Invulnerabilitätsforschung“ war dann auch ziemlich schnell begrifflich passé und wurde durch die „Resilienzforschung“ abgelöst.

Vorrangig unter einem salutogenetischen Blick, also mit der Frage verknüpft wie Gesundheit entsteht und welche Faktoren es denn sind, die einen Menschen immer wieder „aufstehen“ und in seinen „Ursprungszustand“ zurückspringen lassen.

Und auch hier stellen Sie als aufmerksame Leser*innen natürlich fest, dass ein Mensch niemals in seinen ursprünglichen Zustand zurückkehren kann.

Die Redewendung:

„Du steigst nie zweimal in den gleichen Fluss“

verdeutlicht dies sehr anschaulich.

Was ist damit gemeint?

Das Leben verändert sich ständig (Panta rhei), der Mensch, der eine Erfahrung gemacht hat, verändert sich mit dieser Erfahrung.

Bewusst oder unbewusst hat ein Erfahrungszugewinn stattgefunden.

Er kennt beim zweiten Betreten des Flusses bereits die Temperatur des Wassers, die Stärke der Strömung, die Größe und Beschaffenheit der Steine, Gefahrenstellen und vieles mehr.

Warum ist das so? Weil der Mensch eben keine Eisenstange, kein Schwamm, kein Bambus, keine Teflonpfanne und auch kein Spielzeug („Stehaufmännchen“) ist.

Selbst wenn wir also im Außen keine wahrnehmbare Veränderung wie eine Schädigung oder eine Stärkung/Wachstum feststellen, ist der Mensch nach einer Lebenserfahrung niemals der gleiche wie zuvor. Er hat zwischenzeitlich etwas mit seinen Sinnen wahrgenommen, diese Reize verarbeitet, etwas gefühlt, dazugelernt.

Das ist für Sie als Führungskraft spätestens dann von enormer Bedeutung, wenn Mitarbeitende nach längerer krankheitsbedingter Abwesenheit wieder an Ihren Arbeitsplatz zurückkehren und „re-integriert“ werden möchten.

Dann können Sie mit diesen Menschen eben nicht wie mit einem Kettenglied verfahren, das zwischenzeitlich in der Werkstatt „repariert“ wurde und nun wieder „eingegliedert“ wird.

Hier dürfen Sie berücksichtigen, dass ein Lebewesen einen Veränderungsprozess durchlaufen hat, der wahrgenommen und wertgeschätzt werden will.

Menschen sind kein „Material“, das zurechtgebogen und wieder eingegliedert werden kann, Menschen haben eine Psyche. Wer über einen längeren Zeitraum abwesend war, der ist bei seiner Rückkehr nicht mehr der/die „Alte“, diese Menschen haben alle einen Prozess durchlaufen und sich zwischenzeitlich verändert.

Und das macht ja durchaus Sinn. Stellen Sie sich vor, Sie hätten 8 Wochen in einer psychosomatischen Klinik verbracht und nichts hätte sich dadurch verändert.

Das kann nicht Sinn und Zweck der Sache sein, oder?

Warum gehen wir dann aber im Unternehmenskontext so achtlos über diese menschlichen Aspekte hinweg, reden von „Wiedereingliederungen“ und versuchen auch noch diese derart mechanistisch zu praktizieren?

Und glauben Sie uns, wir hören diese Berichte beinahe täglich in der Begegnung mit Menschen, die sich in einem „Re-integrations-Prozess“ an ihren Arbeitsplatz nach längerer Abwesenheit befinden.

Wenn der Mensch doch im Mittelpunkt steht, sollten wir unsere Prozesse im Unternehmen dann nicht an menschlichen Bedürfnissen orientieren? Sollten wir dann nicht gemeinsam daran arbeiten, einen wertschätzenderen Umgang zu pflegen und humanere Prozess zu kreieren?

Und das fängt bereits mit den Begrifflichkeiten an. Sei es nun bei Anonymisierungen wie „die Belegschaft“ oder „Wiedereingliederung“ oder „Low Performer“ an.

Nach unserer kurzen Abzweigung in die Haltung, mit der wir uns sinnbildlich im Straßenverkehr bewegen, kommen wir aber nun zur Ausgangsfrage zurück, worum es sich bei dieser Resilienz eigentlich handelt.

Betrachten wir weitere Erklärungsversuche, denen Sie bei Ihrer Suche nach einer Antwort begegnen werden.

Manchmal wird Resilienz als das „Immunsystem der Seele“ beschrieben.

Was beim Körper als Resistenz bezeichnet wird, ist auf psychischer Ebene die Resilienz.

Sie haben wahrscheinlich bereits erkannt, dass diese Unterscheidung rein theoretischer Natur ist, weil eine Trennung von körperlichem und psychischem Immunsystem überhaupt nicht möglich ist.

Psyche und Soma sind auf äußerst komplexe Art und Weise miteinander verbunden und interagieren ohne Unterlass miteinander. Wir können uns diesen Prozessen eher aus einer psycho-somatischen oder einer somato-psychischen Betrachtungsweise nähern, doch letztendlich ist es eine untrennbare Gesamtheit.

Kommen wir zu einem kurzen Resümee, was die Frage nach einer Resilienz-Definition anbelangt:

Resilienz ist ein Phänomen, das in seiner physikalischen Definition nur sehr schwer auf menschliches Leben übertragbar ist. Wir werden stets damit konfrontiert, dass es sich eben nicht um ein Metallstück, einen Schwamm, einen Leuchtturm oder eine Teflonpfanne handelt, sondern um ein Lebewesen aus Fleisch und Blut.

Somit wäre die Frage im ersten Schritt aus unserer Sicht eher:

Was ist der Mensch?

um im zweiten Schritt danach zu fragen:

Was ist ein gesunder, resilienter Mensch?

Und genauso möchten wir unseren „Führerschein-Unterricht" mit Ihnen aufbauen.

Starten wir mit dem Menschen. Sie werden schnell erkennen, dass wir die Begriffe Mensch, Selbst, Ganzheitlichkeit, Gesundheit und „Dein Wagen mit 4 Rädern" synonym verwenden.

Aber vorher wollen wir den Resilienz-Ansatz noch einer kritischen Betrachtung unterziehen.

6.2 Kritische Betrachtung des Resilienz-Ansatzes

Das Thema Resilienz besitzt in den Unternehmen mittlerweile beinahe „Hype-Charakter“ – aber leider zu oft mit einer oberflächlichen Natur.

Resilienz-Seminare und -ausbildungen boomen, Unternehmen wünschen sich „resiliente Mitarbeitende“, die jeden Veränderungsprozess motiviert, gestärkt und agil begleiten.

Resilienz wird „Mittel zum Zweck“, um die Unternehmensziele zu erreichen, denn das gelingt mit robusten, widerstandsfähigen und „unzerstörbaren“ Mitarbeitenden natürlich eher als mit vulnerablen Menschen.

Bei dieser einseitigen Fokussierung auf das Verhalten der Individuen wird aus unserer Erfahrung nicht selten vergessen, dass es selbstverständlich auch Verhältnisse in den Unternehmen gibt.

Verhältnisse im Hinblick auf die Strukturen, die Aufbau- und Ablauforganisation, und auch Verhältnisse, was das Miteinander, die Kommunikation, die Information, die Partizipation und das Konfliktmanagement anbelangen. Die sozialen, „weichen“ Faktoren, das Betriebsklima.

Nun zeigt sich im Kontakt mit erschöpften Führungskräften immer wieder, dass diese Verhältnisse nicht selten toxisch sind.

Menschen werden nicht wertgeschätzt, ihre Werte und Bedürfnisse werden mit Füßen getreten.

Gleichzeitig werden in diesen Unternehmen Resilienztrainings, Stressmanagement-Seminare und andere „stärkende“ Maßnahmen angeboten.

Wir kommen als Trainer und Coaches in diese Veranstaltungen und erleben Menschen, die zur Teilnahme verpflichtet wurden, die sehr skeptisch auf das Thema „Resilienz" blicken, und uns mit folgenden Worten empfangen:

„Wieder ein Training, das uns robuster machen soll, um den ganzen Wahnsinn hier weiterhin ertragen zu können? Wieder einmal kein Interesse an uns, sondern nur an Zahlen, Daten und Fakten?"

Resilienztrainings sollten mit der Haltung eines aufrichtigen Interesses an der Stärkung der Menschen stattfinden. Und selbstverständlich darf diese Stärkung dem wirtschaftlichen Aspekt dienen, aber nicht primär.

Mit dieser Stärkung des Einzelnen und auch der Stärkung des Selbstvertrauens der Mitarbeitenden können notwendige und sinnvolle Veränderungen der Verhältnisse angedacht, initiiert und umgesetzt werden.

Resilienztrainings können die Basis für agile Teams und Unternehmensstrukturen darstellen, weil Agilität Resilienz benötigt. Ohne Resilienz bevorzugen wir den Status Quo, uns fehlt das (Selbst-)Vertrauen die Veränderung mitgehen zu können.

Doch nur wenige Unternehmen sind bereit, sich diesem Prozess zu stellen. Sie möchten, dass sich das Verhalten der Menschen den Verhältnissen anpasst.

Unsere Kritik gilt in diesem Punkt also einem Resilienz-Konzept in den Köpfen der Unternehmen, das ausschließlich an der Veränderung des Menschen orientiert ist. Mit dieser Herangehensweise tritt der Mensch schon wieder in den Hintergrund und wird auf einen „resilienteren Produktionsfaktor" reduziert.

Ein weiterer Kritikpunkt betrifft die einseitige Betrachtung von Resilienz im Sinne von „Widerstandskraft", „Stärke" und „Funktionieren".

Hier wird ausgeklammert, dass „Nicht-Widerstand", „Akzeptanz", „Schwäche" und „Scheitern" genauso zur Resilienz gehören.

Wirkliche Resilienz beinhaltet beides. Licht und Schatten, Yin und Yang, Stärke und Schwäche, Anspannung und Entspannung.

Wir sind verletzlich, das ist ein wesentlicher Bestandteil unseres Mensch-Seins. Verletzbare, fühlende und mitfühlende Lebewesen. Und was wir in unserem Dasein am wenigsten brauchen, ist eine „Hornhaut auf unserer Seele". Vielleicht täte uns in manchen Situationen eine gesunde Selbstabgrenzung gut, eine chronische Abschottung wahrscheinlich eher weniger.

Aus unserer Erfahrung geht es sogar eher darum, die Hornhaut, die wir auf unseren Seelen entwickelt haben, und die Schutzmauern, die wir um unsere Herzen errichtet haben, wieder etwas durchlässiger zu machen.

Resilienz ist auch Stabilität und Flexibilität gleichermaßen, und die Variabilität, je nach Situation eigenständig, selbstwirksam und selbstvertraut entscheiden zu können, ob ich nun Widerstand leiste oder mich hingebe. Je nachdem, was gerade für mich selbst gesund und stimmig ist.

Wir sollten offenbleiben, was die Resilienz anbelangt und unsere Antworten nicht in Stein meißeln.

Aus unserer Sicht haben wir noch kein passendes Bild, keine adäquate „Beschreibung" dieses Phänomens gefunden, die dem bio-psycho-sozialen und spirituellen Lebewesen Mensch wirklich gerecht wird.

Und reduzierte Modelle, wie die 7 Säulen der Resilienz, können hier auch nur eine Annäherung darstellen.

Was Wissenschaft an mancher Stelle nur sehr schwer (be-)greifbar machen und vermitteln kann, gelingt zuweilen der Kunst. Mirjana

Petricevic (Kunst und Theater), hat dem Automatismus des Stehaufmännchens mit der Beschreibung ihrer persönlichen Erfahrungen hinsichtlich Resilienz Herz und Leben eingehaucht.

Ihre Schilderung lässt erahnen und spüren, was die wissenschaftliche Untersuchung nicht abbilden kann:

„Ich habe mich wieder gefangen. Es hat gedauert, doch das kenne ich von mir. Ich bin kein Stehaufmännchen, das sofort wieder auf seine Füße springt. Trotzdem stehe ich immer wieder auf. Aber der Boden hatte dann genug Zeit, mir seine Struktur ins Gesicht zu quetschen. Ich spucke die Erde aus, spüle den Mund, klopfe den Staub von meiner Seele und richte mich auf. So bin ich. Ich spüre jeden Knochen meines Sturzes. Ich spüre jeden Muskel, der sich aus Furcht oder Reflex verkrampft hat, anstatt sich einfach nur dem Sturz hinzugeben. Und ich spüre auch die Erde unter meinen Füßen, die mich immer trägt. Egal, ob ich stehe oder am Boden liege. So bin ich."[3]

Menschliches Erleben, Individualität, Einzigartigkeit, Zeit, Geduld, Wille, Aufgeben. Schwäche und Stärke zugleich, Himmel und Erde, Fall und Wiederaufstehen, im eigenen Tempo, im eigenen Rhythmus. Menschliche Resilienz.

Lassen Sie uns im nächsten Schritt versuchen, die mechanistische Betrachtung in ein - für den Menschen - stimmigeres Bild zu entwickeln. Unser Arbeitsmodell ist über einen sehr langen Zeitraum entstanden. Es soll Ihnen einen Einstieg in die Arbeit an Ihrer persönlichen Resilienz ermöglichen.

Bitte verstehen Sie es als Arbeitsmodell, mit dem Sie beliebig weiterarbeiten können. Es erhebt keinen Anspruch auf Vollständigkeit, sondern soll Ihnen einen Rahmen bieten, an dem Sie sich orientieren können.

---

[3] http://ausdruck.online/impressum/

Ihr Wagen mit 4 Rädern

7 Unser eigenes Resilienz-Modell: Dein Wagen mit 4 Rädern

Wir, das Resilienz Consulting, arbeiten mit unserem eigenen Resilienz-Modell. Dafür haben wir die Vielzahl unterschiedlicher Resilienz-Definitionen und -Modelle in ein leicht verständliches, sehr greifbares und nachvollziehbares Arbeitsmodell integriert, das von vielen Führungskräften sehr positiv aufgenommen und kommentiert wird.

Sie schätzen die Einfachheit und gleichermaßen Tiefe des Modells, denn es ermöglicht ihnen ein eigenständiges Experimentieren und Vertiefen der jeweiligen Inhalte.

Im Team von Resilienz Consulting haben wir uns viele Nächte mit dem Gedanken um die Ohren geschlagen, ob die Einfachheit unseres Modells im Unternehmenskontext wohl angenommen wird oder ob es als zu „profan" und unwissenschaftlich interpretiert werden könnte.

Alle unsere Befürchtungen, Zweifel und Ängste haben sich in keinster Weise bewahrheitet.

Eines der schönsten Komplimente haben wir von einem Vorstand erhalten, der sich nach eigener intensiver Auseinandersetzung und individueller Arbeit mit seinem „Wagen mit vier Rädern" wie folgt äußerte:

„Albert Einstein hat einmal gesagt, dass diejenigen, die es noch nicht einfach darstellen und erklären können, es noch nicht verstanden haben. Es ist nämlich richtig schwierig, komplexe Sachverhalte einfach darzustellen."

Mit diesem „Ritterschlag" hatten sich unsere letzten Zweifel in Luft aufgelöst.

Warum schreiben wir diese Erfahrung hier?

Wir möchten Ihnen zeigen, dass selbstverständlich auch wir mit unseren eigenen einschränkenden bis toxischen Glaubenssätzen und Ängsten auf den Routen des Lebens unterwegs sind.

Auch wir „cruisen" nicht permanent mit dem Cabrio auf der Route 66 bei strahlendem Sonnenschein chillig dem Arm aus dem Fenster, unseren Lieblings-Song im Radio mitträllernd.

Uns sind die Glatteisstrecken und Haarnadelkurven genauso bekannt, und die Reparatur-Werkstätten.

So schrecklich wir sie in der jeweiligen Situation empfunden haben, so klar können wir heute sehen, dass sie notwendig und sinnvoll waren, um heute an den Punkt zu kommen, wo wir uns Ihnen als Fahrlehrer empfehlen.

Unsere Erfahrungen aus den Grenzbereichen des Straßenverkehrs ermöglichen uns heute, Sie durch alle Etappen begleiten zu können. Wir haben diese Situationen am eigenen Leib erfahren und immer wieder trainiert, und fühlen uns resilient genug, um dieses Wissen und diese Kompetenzen an Sie weiterzugeben.

Aber genug der Worte, wir laden Sie nun ein, gemeinsam mit uns die vier Reifen Ihres Wagens zu inspizieren, den Bio-Reifen, den Psycho-Reifen, den Sozio-Reifen und den spirituellen Reifen.

Starten wir mit unserem Bio-Reifen, den körperlichen Aspekten unseres Menschseins.

Ach ja, doch noch eines vorab, Sie werden es wahrscheinlich schon ahnen:

Tatsächlich sind es natürlich gar keine vier Reifen, sondern nur einer. Und das sind SIE.

Die Einzelbetrachtung macht jedoch durchaus Sinn, weil es sich sonst wie mit einem Eintopf erweisen könnte, der Ihnen nicht schmeckt. Sie haben einfach alles hineingeworfen, ohne zu wissen WAS und in welcher Menge, und nun sind Sie mit dem Endergebnis nicht zufrieden.

Wo können Sie nun beim nächsten Mal ansetzen, um den Geschmack zu variieren? Sie brauchen die einzelnen Mengen und Bestandteile dafür, auch wenn schlussendlich wieder EIN TOPF daraus entsteht.

Betrachten wir also im Folgenden, wodurch Ihr Wohlbefinden, Ihre Stabilität, Ihr Innerer Frieden und Ihre Balance im Einzelnen mitbestimmt wird.

Der biologische Reifen

7.1 Der Bio-Reifen

Unser Körper-Reifen ist ein Aspekt unserer ganzheitlichen Gesundheit und Resilienz.

Durch ihn und mit ihm bewegen wir uns durch das Leben. Er ist gewissermaßen das Fahrzeug-Chassis.

Unserem Körper können wir vorrangig über eine gesunde und ausgewogene Ernährung, ausreichend Bewegung, einen ausbalancierten Wechsel von Anspannung und Entspannung, erholsamen Schlaf und vieles mehr etwas Gutes tun.

Nicht wenige Menschen sind, was den Bio-Reifen anbelangt, sehr bewusst und verantwortungsvoll unterwegs. Manchmal könnte beinahe der Eindruck eines „Körper-Kults" entstehen, wenn man die immensen Summen betrachtet, die in diesem Marktsegment fließen.

Der Bio-Reifen ist zweifellos ein enorm wichtiger und wesentlicher Einflussfaktor für unsere Gesundheit und Resilienz, und gleichzeitig natürlich „nur" einer unserer vier Reifen am Fahrzeug.

Das wird uns spätestens dann bewusst, wenn wir nach dem Besuch beim Hausarzt die Praxis mit folgendem oder einem ähnlichen Satz verlassen:

„Körperlich (somatisch) sind Sie fit, da können wir keine Ursache finden. Das ist eher psychosomatisch. Überprüfen Sie einmal den Luftdruck in Ihrem Psycho-Reifen!"

Mit der ausschließlichen Pflege des Bio-Reifens kommen wir bei „Psycho-Schmerz" eben nicht weiter. Dann darf die biologische um eine psychologische Betrachtung ergänzt werden.

Und Sie ahnen es bereits, da warten im weiteren Verlauf noch zwei weitere Reifen, die sowohl am Fahrzeug montiert als auch in regelmäßigen Abständen auf ihren jeweiligen Luftdruck überprüft werden wollen.

Denn nur bei Betrachtung aller vier Räder an unserem Fahrzeug werden wir unserer Ganzheit gerecht und können ganzheitlich-integrale Gesundheitsförderung betreiben. Es ist immer wieder erstaunlich, dass wir an unserem Firmenwagen niemals nur einen oder zwei Reifen überprüfen würden, bevor wir auf Geschäftsreise gehen. Mit uns selbst und unserer Gesundheit gehen wir da nachlässiger um. Warum eigentlich? Kann es sein, dass wir uns möglicherweise nicht einmal selbst in den Mittelpunkt stellen? Verdient unser Firmenwagen mehr Aufmerksamkeit und Pflege als wir?

Manchmal könnte es fast den Anschein erwecken. Wie anders lässt es sich erklären, dass wir unserem Körper (Speise-)Öl einflößen, das einen Bruchteil von dem kostet, was unser Motor-Öl kostet? Oder warum fahren wir bei leuchtenden Lämpchen am Armaturenbrett schnellstmöglich in die Werkstatt, während wir gleichzeitig die Roten Lämpchen unseres Körpers und unserer Psyche immer wieder ignorieren? Vielleicht ist es an der Zeit, unsere eigene Haltung zu hinterfragen und andere Umgangsformen mit uns zu pflegen. Eine wertschätzendere, empathischere und mitfühlendere Version. Oder sind wir das nicht wert? Sind wir nicht so wertvoll und wichtig wie das Materielle?

Die Frage darf jeder für sich selbst beantworten, wir halten an diesem Punkt erst einmal fest, dass es für unsere Resilienz und unser Wohlbefinden nicht ausreicht, ausschließlich den Bio-Reifen zu betrachten und zu pflegen.

Für resiliente (Selbst-)Führung brauchen wir alle 4 Reifen am Fahrzeug.

Führungskräfte werden immer mehr zu Gesundheitsmanager*innen, die eine ausgeprägte

Gesundheitskompetenz benötigen, um sich selbst und ihre Mitarbeitenden gesund führen zu können. Und dieses bereits im normalen Straßenverkehr, nicht nur unter extremen Verkehrsbedingungen. Sonst kann ihnen selbst oder ihrem Team schnell einmal die Luft ausgehen.

Betrachten wir den nächsten Reifen am Wagen, unseren Psycho-Reifen.

Der psychologische Reifen

7.2 Der Psycho-Reifen

Der Mensch ist nicht nur ein biologisches, sondern auch ein psychologisches Wesen. Er besitzt einen Psycho-Reifen, der all seine Gedanken, Glaubenssätze, Gefühle und Lebenserfahrungen umfasst, bis hin zu erlebten Traumatisierungen.

Wir haben bereits gesehen, dass bei psychischen oder psychosomatischen Themen die Psyche eine wesentliche Rolle spielt. Der Körper nimmt hier eher eine „Nebenrolle" ein.

Bei psychosomatischen Erkrankungen sind meist hinderliche, destruktive Gedanken, Glaubenssätze im Spiel, die wahrgenommen und „transformiert" werden möchten, sowie eingekapselte, blockierte Gefühle.

Doch mit Gefühlen und deren Ausdruck im Arbeitskontext ist das heutzutage immer noch so eine Sache. In unserer „Turbo-Hochleistungs-Kultur" mit dem Credo „schneller-höher-weiter" haben Gefühle oftmals keinen Platz. Sie stören nur, stehen im Wege.

Nicht selten gewinnen wir in Unternehmen den Eindruck, dass es den Kapitän*innen des Schiffes am liebsten wäre, wenn die Psyche beim Betreten des Firmengeländes „ausgestempelt" und bei Verlassen wieder „eingestempelt" werden könnte.

Der Produktionsprozess hat Vorrang, Gefühle stören dabei.

Ist das auch der Grund, warum erst ein Drittel der Unternehmen eine „Psychische Gefährdungsbeurteilung" durchführt? Will man sich der psychischen Aspekte menschlichen Lebens überhaupt annehmen? Oder liegt es doch eher daran, dass die Unternehmen nicht wissen, WIE sie dies tun sollen?

Festgehalten werden kann, dass wir im Umgang mit Psyche und Gefühlen in unserer Kultur noch relativ untrainiert sind.

Unser Bildungs- und Erziehungssystem hat uns darauf – nach unserer Einschätzung – auch nicht gezielt vorbereitet. Auf das Leben mit dem Psycho-Reifen wurde uns wenig vermittelt und wir haben den Umgang mit unseren Glaubenssätzen und Emotionen kaum trainiert.

Wir sind kognitive Hochleister*innen in emotionalen Kinderschuhen. Daniel Goleman hat daher vor Jahrzehnten bereits darauf hingewiesen, dass wir unsere emotionale Intelligenz mehr fokussieren sollten als Ergänzung und zum Ausgleich des Intelligenzquotienten.

Und nun werden Sie als Führungskraft plötzlich damit konfrontiert, dass Sie sich ganzheitlich um Ihre Mitarbeitenden kümmern sollen, rational und emotional. Das ist in etwa so, als ob Sie morgen ohne Vorbereitung einen Formel 1-Boliden über den Kurs steuern sollten.

Kein Rennstall würde Ihnen jemals einen Wagen anvertrauen, aber mit Menschen machen wir das schon.

Und vielleicht ahnen Sie bereits an dieser Stelle, dass unsere Psyche, also unsere Gedanken- und Gefühlswelt, in engem Zusammenhang mit unseren sozialen (Beziehungs-)Erlebnissen der Kindheit steht, mit den jeweiligen „Bindungserfahrungen", die wir gemacht haben,

Unsere Psyche ist stark „geprägt" von den Erfahrungen im Rahmen unserer Ursprungsfamilie. Werden wir uns dieser Prägungen bis hin zu Konditionierungen nicht bewusst, kann dies sogar dazu führen, dass wir ein Leben lang von den damaligen Gefühlen, und den daraus entstandenen Reaktionsmustern „gesteuert" werden.

Unser Denken und Fühlen werden somit erst „selbstbewusst", wenn wir uns unserer Biografie und unserer Erfahrungen der Vergangenheit bewusst werden und diese kognitiv und emotional „gesund" integrieren.

Sonst kann es durchaus sein – und wir erleben das in unserer Arbeit mit den Führungskräften immer wieder –, dass gestandene Damen und Herren berichten:

„Da bin ich doch glatt aus der Haut gefahren."

„Da habe ich mich überhaupt nicht mehr wiedererkannt."

„Da war ich komplett neben mir gestanden."

„Da hat mich der Teufel geritten."

Falls Ihnen das auch irgendwie bekannt vorkommt, und Sie sich wiedererkennen in diesen Schilderungen, kann es sein, dass auch Sie noch unverarbeitete „Innere Kinder“ in sich tragen, die „geheilt“ werden möchten.

Ohne in diesem Rahmen zu therapeutisch werden zu können, geht es hier darum, die Gefühle des damaligen Kindes wahrzunehmen, zu würdigen und dem Kind heute das zu schenken, was es damals so schmerzlich vermisst hat.

Wenn Sie in dieser Richtung weiterlesen möchten, können wir Ihnen die Bücher von Stefanie Stahl empfehlen.

Ihr Buch „Das Kind in Dir muss Heimat finden“[4], sowie das ergänzende Arbeitsbuch, wird Sie tief in Ihre Psyche begleiten. Das können wir Ihnen versprechen.

Die Kränkungen und Verwundungen aus dieser Zeit möchten irgendwann wahrgenommen und geheilt werden. Übernehmen wir die Verantwortung für den (Selbst-)Heilungsprozess nicht, können uns die Kränkungen auch einmal aus der Balance bringen.

---

[4] "Das Kind in Dir muss Heimat finden" von Stefanie Stahl

Bevor wir uns dem Sozio-Reifen zuwenden, möchten wir abschließend noch auf einen Aspekt der Psyche hinweisen, der uns in den letzten Jahren immer stärker begegnet:

Transgenerationale Traumata

Auch dies können wir nicht vertiefen, doch ist es aus unserer Sicht für eine gesunde und resiliente (Selbst-)Führung wesentlich, zumindest schon einmal davon gehört zu haben.

Transgenerationale Traumatisierung bedeutet, dass unsere Gedanken- und Gefühlswelt durchaus auch „transgenerational übertragen" sein kann. Das bedeutet, dass Sie möglicherweise etwas denken und/oder fühlen, was Sie Ihrem eigenen persönlichen Erleben gar nicht zuordnen können.

Dann fühlen Sie möglicherweise Gefühle wie Angst, Scham, Schuld, Trauer, Hass, Ohnmacht, die nicht direkt zu Ihnen gehören, jedoch im „Familiensystem verstrickt" sind. Das kann durchaus über mehrere Generationen hinweg stattfinden. Sie sind dann vielleicht der/die „Symptomträger*in", der dieses Gefühl wahrnimmt, transparent macht, wodurch es heilen kann.

Die Ausgrenzung von Gefühlen – sei es auf individueller Ebene oder auch in Familiensystemen – kann dazu führen, dass psychische oder psychosomatische Symptome auftreten, die darauf hinweisen, dass noch irgendetwas einer Heilung, Gesundung bedarf.

Aber jetzt haben wir Sie in die Tiefen der Psychologie und Psychotherapie entführt.

Fahren wir zurück auf die Hauptstraße und halten fest:

Unternehmen würden sich über die Durchführung der Psychischen Gefährdungsbeurteilung schon einen riesigen Schritt in Richtung gesünderer Arbeitsverhältnisse bewegen und dadurch der rapiden Zunahme psychischer und psychosomatischer Erkrankungen etwas entgegensetzen. Weisen Sie als resiliente Führungskraft darauf hin und leben Sie eine Integration des „Psycho-Reifens“ aktiv vor. Werden Sie zu einem Vorbild.

Montieren wir im nächsten Schritt den Sozio-Reifen an unser Fahrzeug.

Der soziale Reifen

7.3 Der Sozio-Reifen

Der Mensch ist ein soziales Wesen. Ohne sein soziales Umfeld könnte er nach der Geburt nicht einmal (über)leben. Er ist sozusagen auf „Gedeih und Verderb“ auf Sozialkontakt angewiesen, abhängig von anderen.

Im Kontakt und Umgang mit unseren Mitmenschen lernen wir die Welt, das Leben und uns selbst kennen. Wie wir über unser SELBST, uns selbst, denken und fühlen, hängt wesentlich von den (früh-)kindlichen Beziehungs- und Bindungserfahrungen ab. Sie prägen, formen, konditionieren uns.

So können wir durch sozial unterstützende Bindungserfahrungen einen gesunden SelbstWERT und ein gesundes SelbstMITGEFÜHL entwickeln, während wir durch kränkende und schmerzhafte Erfahrungen eher in Selbstkritik, Selbstabwertung und -ablehnung verfallen. Manchmal sogar in einen permanenten Kampf gegen uns selbst, bei dem wir unliebsame Anteile in uns nicht wahrnehmen, ablehnen bis „zerstören“ wollen.

Kränkung durch andere macht krank, sagt der österreichische Psychiater und Psychotherapeut Reinhard Haller.

Psychischer Schmerz durch Kränkung, Ablehnung, Zurückweisung und Bestrafung in Sozialkontakten wird in den gleichen Hirnarealen verarbeitet wie körperlicher Schmerz. Bei manchen Menschen nimmt er ein Ausmaß an, dass sie sich durch Zufügen körperlichen Schmerzes (Schneiden, Ritzen etc.) eine psychische Schmerzlinderung erhoffen. (Dies noch einmal als Hinweis für all diejenigen, die immer noch im Glauben sind, dass Psycho-Schmerz nur etwas für „Weicheier“ sei.)

Der Psychiater und Psychosomatische Mediziner Joachim Bauer weist auf die besondere Bedeutung unserer sozialen Beziehungserfahrungen hin. Er hat herausgefunden, dass unser

Körper alle Lebenserfahrungen speichert und „aus Psychologie Biologie“ macht:

„Alles, was wir als Kinder lernen, erfahren und emotional erleben, vollzieht sich im Zusammenhang mit zwischenmenschlichen Beziehungen. Diese emotionalen Beziehungserfahrungen der Kindheit werden in Nervenzell-Netzwerken gespeichert und hinterlassen einen „Fingerabdruck“ in unserer Amygdala.[5]"

Diese abgespeicherten emotionalen Erfahrungen unterliegen nicht der Kontrolle des Bewusstseins, sie beeinflussen jedoch all unsere weiteren menschlichen Begegnungen, indem sie als Abgleich für Situationen im Heute dienen. Permanent gleichen wir *unbewusst* das potenzielle „Gefahrenpotenzial“ einer menschlichen Begegnung ab. Könnte es wieder wie damals kränken, schmerzen, Angst erzeugen, traurig oder ohnmächtig machen?

Unsere ursprünglichen Bindungserfahrungen haben also biologische, psychologische und soziale Langzeitfolgen. Das Gehirn hat entsprechende „Bahnen“ gebildet.

Wenn wir nun noch eine der wichtigsten Erkenntnisse der Stressforschung mit einbeziehen, dass unterstützende zwischenmenschliche Beziehungen, die am besten wirksame und nebenwirkungsfreie „Droge“ gegen seelischen und körperlichen Stress darstellen, dann können wir erahnen, was ehemals kränkende, schmerzhafte Begegnungen in der Kindheit auslösen:

Wir vermeiden durch die im Unterbewusstsein abgespeicherten ursprünglichen Kindheitserfahrungen den unterstützenden, heilsamen Kontakt in der Gegenwart. Wir schützen uns aus einer unbewussten Angst vor der potenziellen Gefahr der Wiederholung

---

[5] "Das Gedächtnis des Körpers: Wie Beziehungen und Lebensstile unsere Gene steuern" von Joachim Bauer

früherer Gefühle und schneiden uns somit von hilfreicher und heilsamer „sozialer Unterstützung“ ab.

Und das aus einem (Schutz-)Automatismus heraus, der vorrangig durch unsere Amygdala „befeuert“ wird, die uns vor weiterem Schmerz bewahren will. Um den Automatismus zu transformieren, hilft nur der Weg durch die Angst und durch die Angst vor der Angst.

Denn neue Synapsen können sich nur durch neue Beziehungserfahrungen und neue Gefühle bilden. Zu der erlernten Angst darf sich (wieder) Vertrauen gesellen. Das beschädigte (Ur-)Vertrauen darf durch vertrauensvolle Erfahrungen in der Gegenwart ausbalanciert werden. Die Neuroplastizität unseres Gehirns macht das möglich. Und gleichzeitig braucht es eine große Portion Mut und Willenskraft, um uns den damaligen Emotionen noch einmal zu stellen. Und im Anschluss Beharrlichkeit und Geduld.

Unsere Gefühle bewusst machen und wieder integrieren, können wir auf unterschiedliche Art und Weise. Entweder verbal im Gespräch mit einem Psychotherapeuten, aber auch nonverbal über den Kontakt mit einem Körpertherapeuten. Wir sind immer wieder aufs Neue begeistert, wenn wir feinfühligen Körperarbeiter*innen (Physiotherapeut*innen, Osteopath*innen, Masseur*innen, Bioenergetiker*innen ...) begegnen dürfen, die ausschließlich über Berührung erspüren – ohne jeglichen Wortwechsel –, welche Emotionen in unseren Körpern – in Form von Verspannungen, Entzündungen und Schmerzen – „ingelagert“ sind, und diese durch ihre BeHANDlung wieder in Bewegung bringen. Viele Wege führen nach Rom. Finden Sie den eigenen stimmigen Weg für die Rückverbindung mit Ihrer Gefühlswelt.

Komplettieren wir nun unser Fahrzeug mit dem vierten und letzten Reifen, dem spirituellen Reifen oder „Sinn-Reifen“.

Der spirituelle Reifen

7.4 Der spirituelle Reifen

Die Weltgesundheitsorganisation hat den Menschen als bio-psycho-soziales und spirituelles Lebewesen beschrieben. Betrachten wir nun, last but not least, die Spiritualität des Menschen, die eine hohe Überschneidung mit dessen „Sinnerleben" aufweist.

Die Frage nach dem Sinn ist eng verknüpft mit den existenziellen Fragen des Lebens. Sie können sowohl sehr irdisch-weltlich als auch religiös-transpersonal beantwortet werden. Menschen nähern sich diesen beiden Aspekten oft mit Fragen, wie:

„Was ist mein WHY in diesem Leben?"

„Welche Träume, Ziele, Werte, Bedürfnisse habe ich?"

„Wie möchte ich mit anderen Menschen zusammenleben?"

„Was würde ich bedauern, nicht erlebt zu haben, wenn ich im Sterbebett läge?"

„Woher komme ich und wohin gehe ich?"

„Gibt es etwas, worauf ich vertrauen kann?"

Der transpersonalen Komponente werden wir uns im Rahmen dieses Buches nicht annehmen, wir wollen diese aber auf jeden Fall angesprochen haben.

Fokussieren werden wir aber den geerdeten, weltlichen Aspekt der Spiritualität, den die Weltgesundheitsorganisation in den 90er Jahren sicherlich nicht ohne triftigen Grund als einen elementaren Bestandteil unserer Gesundheit identifiziert hat.

Wissenschaftliche Studien haben untermauert, dass Spiritualität/Sinnempfinden einen bedeutsamen Beitrag für ein gesundes und resilientes Leben darstellt.

Auch bei Aaron Antonovsky, einem der bekanntesten Vertreter der „Salutogenese“ stellt die Sinnhaftigkeit – neben der Verstehbarkeit und Steuerbarkeit des Lebens – einen wesentlichen Aspekt seines „Kohärenzsinns“ dar.

Viktor Frankl, der die Gräueltaten seiner Jahre im KZ dadurch überlebte, dass er selbst in dieser Zeit seinem Leben einen Sinn geben konnte, hat der Bedeutung von Sinnfindung mit seiner „Logotherapie“ eine eigene Therapieform gewidmet. Von ihm stammt auch die Aussage des gleichnamigen Buches:

„Wer ein Warum zu leben hat, erträgt fast jedes Wie.”[6]

Und auch die Physikerin, Philosophin und Psychologin, Danah Zohar, verweist in ihrem Buch „IQ-EQ? SQ!“[7] auf ein spirituelles Potenzial, das in jedem von uns schlummert, und erweckt werden will. Sie spricht sogar von einer spirituellen Intelligenz (SQ), die uns innewohnt, als Ergänzung zum Intelligenzquotienten (IQ) und zur emotionalen Intelligenz (EQ).

Spirituelle Intelligenz versteht sie dabei nicht in einem religiösen Sinn, sondern als Zugang zu unseren Werten, Zielen und Motivationen, die wie sie sagt, für jeden Menschen etwas Heiliges sein können.

„Es ist die spirituelle Intelligenz, mit der wir Güte, Wahrheit, Schönheit und Mitgefühl in unserem Leben zum Ausdruck bringen. Es ist, wenn man so will, die Intelligenz unserer Seele, wenn wir Seele als Fähigkeit des Menschen verstehen, die tieferen, reicheren Dimensionen der Vorstellungskraft und des Geistes in unser tägliches Leben, unsere Familien, Unternehmen und Institutionen hineinzubringen.“

---

6 „Wer ein Warum zu leben hat, erträgt fast jedes Wie” von Viktor Frankl
7 „IQ-EQ? SQ!“ von Danah Zohar

Nach ihrer Einschätzung bringt spirituelle Intelligenz *spirituelles Kapital* hervor, einen Wohlstand, der auch Reichtum an Sinn, Werten und höherer Motivation beinhaltet.

Wirtschaft und Spiritualität müssen also keinesfalls miteinander konkurrieren, ganz im Gegenteil, sie können sich wunderbar ergänzen.

Doch stellen wir in unserem Team von Resilienz Consulting auch immer wieder fest, dass in der Darstellung des „Spirituellen Reifens" an unserem Fahrzeug das „Wording" noch eine große Rolle spielt.

Oft braucht es noch einen Brückenbau im Sinne von:

„In Spiritualität" steckt Spirit. Spirit heißt übersetzt Geist. Glauben Sie, dass beGEISTerte Mitarbeitende möglicherweise motivierter, engagierter, resilienter sind?"

Hier kommt selten ein NEIN als Antwort.

„Was könnten Sie tun, um Mitarbeitende zu beGEISTern? Wären Werte im Umgang miteinander hilfreich? Wären Menschen, die eine Sinnhaftigkeit ihrer Arbeit erkennen, begeisterter? Wirkt es sich positiv auf die Gesundheit von Menschen aus, wenn deren Bedürfnisse und Werte wahrgenommen und wertgeschätzt werden?"

Wie konnten wir diesen Reifen jemals aus dem Unternehmenskontext „ausklammern"?

Wenn wir uns mit den Unternehmer*innen auf diese Ebene der Spiritualität begeben, werden die Mienen wieder etwas heller und die nach hinten gerückten Stühle wieder ein paar Zentimeter nach vorne geschoben. Dann haben wir den „Brückenbau" zwischen Wirtschaft und Psychologie, sowie Wirtschaft und Spiritualität wieder einmal hinbekommen.

Nein, wir zünden mit der Integration des spirituellen Reifens keine Räucherkerzen an, chanten keine religiösen Texte oder channeln mit himmlischen Boten, sondern fokussieren Werte und Sinnerleben im Arbeitsprozess. Dass sich dies auf die Wirtschaftlichkeit auswirkt, bezweifeln – zumindest nach dem Brückenbau – heutzutage immer weniger Unternehmer*innen.

Werteorientierte Führung, wertschätzende Führung, spirituelles Führen, an einem WHY orientiertes Miteinander füllt nicht nur die Bestsellerlisten im Literatur-Bereich und unterschiedlichsten Kanäle in den sozialen Medien (siehe Simon Sinek und John Strelecky), sondern wird – insbesondere in den Startup-Unternehmen nachfolgender Generationen – bereits erfolgreich praktiziert.

Sie haben nun Ihren Wagen mit vier Rädern kennengelernt. Das Fahrzeug steht da, jetzt braucht es noch Benzin im Tank. Was verleiht Ihrem Wagen Energie?

Betrachten wir im Folgenden die vier Resilienzfaktoren, die unseren Treibstoff für ein gesundes und resilientes Leben darstellen.

Die 4S

Selbstvertrauen

Selbstmitgefühl

Soziale Unterstützung

Sinn

8 Die vier Resilienzfaktoren

Wenn unser Team von Resilienz Consulting Vorträge, Workshops, Seminare oder Ausbildungen in Unternehmen durchführt, fassen wir das, was Menschen auf jeden Fall aus unseren Veranstaltungen mit nach Hause nehmen sollten, in folgenden Worten zusammen:

„Wenn wir Sie wieder verlassen, würden wir uns wünschen, dass Sie sich die zwei VIEREN eingeprägt haben.

Zum einen die 4 Reifen Ihres Fahrzeugs, die Ihre Gesundheit, Ihre Resilienz und Ihr Wohlbefinden elementar beeinflussen.

Und ergänzend die 4 Resilienzfaktoren, die Ihr Treibstoff für ein gesundes Leben und Zusammenleben sind.

Wenn Ihnen diese „2x4" bewusst sind, haben wir unseren Auftrag erfüllt, und Ihnen das grundlegende Verständnis vermittelt, das Sie aus der gefühlten Ohnmacht einer Krise manövrieren kann. Dieses Wissen ist „Macht", die Ihnen Selbstermächtigung und Selbstwirksamkeit ermöglicht. Zumindest theoretisch. Die Umsetzung des Wissens können wir als Außenstehende nicht (mehr) beeinflussen.

Wir haben jedoch unseren kleinen Teil dazu beigetragen, das Wissen zu multiplizieren und damit unsere Vision

Menschen stärken – Gesundheit fördern

voranzubringen.

Mit diesem Wissen können Sie dem Phänomen der „Erlernten Hilflosigkeit" bereits etwas entgegensetzen und somit hoffentlich die Entstehung depressiver Verstimmungen bis hin zu Depressionen vermeiden. Diese können daraus resultieren, dass wir über einen längeren Zeitraum das Gefühl haben, einer Situation vollkommen ausgeliefert zu sein und eigenständig nichts (mehr) bewirken zu können.

Mit den 2x4 ist Ihnen zumindest theoretisch bewusst, was Sie aktiv unternehmen können.

Betrachten wir im nächsten Schritt die vier Resilienzfaktoren im Detail.

Zuvor ist es uns jedoch ein Anliegen, den (Mit-)Urheber unserer „4S" zu würdigen, den ehemaligen Leiter der Heiligenfeld-Kliniken, Dr. Joachim Galuska, Psychiater und Psychotherapeut gleichermaßen.

Er hat in einem Radio-Interview vor etwa 8 Jahren auf die Frage der Moderatorin, was denn aus seiner Sicht die wichtigsten Resilienzfaktoren seien, sinngemäß so geantwortet:

Aus unserer persönlichen langjährigen Erfahrung würden wir sie die „3 großen S" nennen:

- Selbstvertrauen
- Soziale Unterstützung
- Sinn

Diese drei Faktoren tragen enorm dazu bei, dass wir nach Niederschlägen immer wieder aufstehen."

Wir sind Dr. Joachim Galuska sehr dankbar. Er war ausschlaggebend an der Entwicklung unseres Modells beteiligt und hat mit seinen „3S" den Grundstein für unsere „4S" gelegt.

Wir haben seine Beschreibung um das Selbstmitgefühl ergänzt, da die Forschungen von Kristin Neff, einer der führenden Forscherinnen im Bereich („Self Compassion") gezeigt haben, dass Mitgefühl mit uns selbst ein zutiefst salutogener Faktor ist.

Betrachten wir die 4 Faktoren im Einzelnen und beginnen mit dem Selbstvertrauen.

8.1 Das Selbstvertrauen

Selbstvertrauen als elementarer Treibstoff für ein gesundes und resilientes Leben.

Da wir uns den mittlerweile unzähligen RatSCHLAGgeber*innen auf dem boomenden Resilienzmarkt nicht anschließen wollen, werden wir Ihnen nun nicht sagen:

„Du musst Dir einfach selbst mehr vertrauen"

Denn wenn dies so einfach wäre, wie ratGESCHLAGEN, dann würden wir es von selbst umsetzen.

Also begeben wir uns etwas mehr in die Tiefe und stellen Fragen wie:

Was ist denn dieses Selbst, dem wir vertrauen dürfen?

Halten Sie kurz inne und beantworten diese Frage. Sie haben die Antwort bereits kennengelernt.

Richtig, es sind die vier Reifen an Ihrem Wagen. Das entspricht Ihrem SELBST, dem Sie vertrauen dürfen. Diesem bio-psycho-sozialen und spirituellen Wesen, das Sie als Mensch sind.

Wenn Sie also Ihr Selbstvertrauen stärken wollen, dann können Sie dies über Ihren Körper (Bio), über Ihre Psyche, über Ihre sozialen Beziehungen und auch über Ihre Spiritualität/Sinnempfinden tun.

Selbstvertrauen (er)wächst dadurch, dass wir allen – oder zumindest vielen – Facetten unseres Selbst vertrauen.

Betrachten Sie noch einmal kurz – und spüren Sie in sich hinein –, was folgende Fragen bei Ihnen an Gedanken und Emotionen hervorrufen:

Vertraue ich meinem Körper? Habe ich ein vertrauensvolles, verständnisvolles und selbstmitfühlendes Verhältnis zu ihm?

Vertraue ich der Ernährung, die ich zu mir nehme? In Qualität und Quantität?

Vertraue ich dem Umfang an Bewegung und Ruhe in meinem Leben? Ist etwas davon überdosiert oder ist es ausgewogen nach meiner eigenen persönlichen Einschätzung und meinem Empfinden?

Vertraue ich meinen Gedanken und Glaubenssätzen? Sind sie eher Krafträuber oder Kraftspender? Sind sie mir wohlgesonnen? Sind sie meine Freunde?

Vertraue ich meinen Lebenserfahrungen? Habe ich alle stimmig integriert, Wunden und Kränkungen geheilt und befriedet?

Vertraue ich meinen sozialen Beziehungen? Suche ich mir Menschen, die mir Kraft, Verständnis und (soziale) Unterstützung sind oder bewege ich mich (noch) in toxischen Umfeldern?

Vertraue ich meinen eigenen Bedürfnissen, Werten, Träumen und empfinde „Sinn" in meinem Sein und Wirken?

Die Beantwortung dieser Fragen führt uns in ein Selbstbewusstsein. Das Selbstbewusstsein kann uns, wenn wir das, dessen wir bewusst sind, Schritt für Schritt umsetzen und realisieren, in unserem Selbstvertrauen stärken. Die Treppe ins Selbstvertrauen wird es uns in einem späteren Kapitel zeigen.

8.2 Die Soziale Unterstützung

Das zweite große S, das unsere Resilienz entscheidend (mit)beeinflusst ist die Soziale Unterstützung, die wir erleben.

Die aktuelle Resilienzforschung sieht diesen Faktor mittlerweile fast als DEN entscheidenden, zumindest aber einen TOP-Resilienzfaktor an.

Wir sind soziale Wesen, das Ich braucht das Du, um sich zu erkennen, zu wachsen und sich zugehörig zu fühlen.

Nicht selten erhalten wir bei der Darstellung dieses Aspekts unserer Gesundheit folgende Antwort:

„Wir erleben die sozialen Kontakte und die Art der Kommunikation und des Umgangs hier aber keinesfalls als gesund und resilienzstärkend!“

Vollkommen richtig. Der Resilienzfaktor heißt schließlich auch nicht „Sozialer Kontakt“, sondern „Soziale Unterstützung“.

Wir brauchen Menschen und soziale Begegnungen, die wir als kraftspendend erleben. Nicht wenige unserer Kontakte empfinden wir jedoch eher als kraftraubend, wie uns Führungskräfte immer wieder berichten. Seien diese nun beruflicher oder privater Natur.

Wenn wir kaum mehr das Gefühl haben, verstanden, akzeptiert, wertgeschätzt und würdevoll behandelt zu werden, reduziert das unser Wohlbefinden.

Dann kommt nicht selten eine Spirale in Gang, die unserer Gesundheit nicht gut tut.

Kraftraubende soziale Kontakte führen zu Kränkungen, Enttäuschungen und Verletzungen. Wir ziehen uns zurück, gehen teilweise in Isolation, vermeiden den Kontakt zur Außenwelt vollkommen. Wir werden unsicher im sozialen Miteinander und entwickeln Ängste. Die Abkapselung von der Außenwelt nimmt weiter zu, bei einem gleichzeitigen Wunsch nach unterstützender, stärkender Begegnung. Frustration, Resignation und Ohnmacht gesellen sich dazu, das Gefühl der Einsamkeit kehrt ein. Und Einsamkeit erhöht die Wahrscheinlichkeit zu erkranken, das zeigen die aktuellen Forschungsergebnisse deutlich.

8.3 Der Sinn

Sinnempfinden als resilienzstärkender und gesunderhaltender Faktor in unserem Leben. Immer wieder wurde er betont, sei es im Modell der Salutogenese von Antonovsky, wo er seinen festen Platz einnimmt, oder auch in der Logotherapie Viktor Frankls.

Doch wie finden und empfinden wir Sinn(-haftigkeit) im Leben? Hier dürften unzählige Wege nach Rom führen.

Im Team von Resilienz Consulting sind wir immer wieder sehr berührt von Viktor Frankls Antwort:

„Der Sinn des Lebens ist es, dem Leben einen Sinn zu geben."

Die einen geben ihrem Leben dadurch Sinn, dass sie sich in den Dienst der Gemeinschaft stellen, anderen Menschen eine (soziale) Unterstützung sind. Andere geben ihrem Leben Sinn, indem sie ihre Werte, Bedürfnisse und Träume leben. Wieder andere finden ihren Sinn im Glauben, in der Religion, in der Askese und in der Extase.

Wie oft hören wir im Kontakt mit erschöpften Führungskräften die Sätze:

„Meine Tätigkeit ist so sinnlos" oder *„So macht das alles keinen Sinn mehr für mich"*

mit den unterschiedlichsten Konsequenzen.

Während manche Führungskräfte in den Angriff gehen, stellen sich andere tot oder flüchten. Jeder reagiert auf seine eigene Art und Weise im Umgang mit der empfundenen Sinnlosigkeit. Das kann sich im Unternehmenskontext vom Verhalten „Dienst nach Vorschrift“ bis „Innere Kündigung“, im Extremfall „Schädigung des Unternehmens“ äußern.

Eine gesunde (Selbst-)Führung hat jedoch immer auch die Sinnhaftigkeit zu integrieren.

Schenken wir diesem salutogenen Faktor in unserem (Arbeits-) Leben bereits die notwendige Aufmerksamkeit? Ist dieser Aspekt in der Psychischen Gefährdungsbeurteilung bereits beinhaltet oder dürfte er noch (wesentlich stärker) integriert werden?

8.4 Das Selbstmitgefühl

Selbstmitgefühl, ein befremdliches Wort, finden Sie nicht auch?

Den Begriff habe ich noch nie gehört und nun soll das sogar ein wesentlicher gesunderhaltender und resilienzstärkender Faktor sein?

Ja, so ähnlich ist es uns auch ergangen, und wir haben uns zu Beginn im Team gefragt, wo hier eigentlich der Unterschied zum Faktor Selbstvertrauen sein soll. Wo ist die Abgrenzung?

Wir möchten Sie daher auf einen kurzen Abstecher in die Forschungen zum Selbstmitgefühl mitnehmen.

2012 haben Christopher Germer und Kristin Neff das Zentrum für Selbstmitgefühl (Center for Mindful Self Compassion)[8] gegründet.

Vision der beiden ist es, über die Entwicklung von einem tiefen Verständnis, sowie das Üben und Praktizieren von Selbstmitgefühl,

---

8 https://centerformsc.org

zu einem mitfühlenderen Sein und Miteinander-Sein beizutragen. Sie sind der Überzeugung, dass Achtsamkeit und Selbstmitgefühl grundlegende menschliche Fertigkeiten sind, die erlernt und kultiviert werden können, um somit Leid zu reduzieren und Gesundheit zu fördern.

Umfangreiche Studiendaten zeigen, dass ein höheres Selbstmitgefühl mit einer Zunahme des seelischen Wohlbefindens korreliert, aber auch mit einer Abnahme von Angst, Depression und pathologischen Stressreaktionen.

Das klingt erst einmal sehr überzeugend, oder?

Der buddhistische Mönch und Französisch-Übersetzer S.H. des Dalai Lama, Matthieu Ricard, der mit renommierten Wissenschaftlern aus dem deutschen Raum zusammenarbeitet, hat gemeinsam mit der Neurowissenschaftlerin Tania Singer ein wegweisendes Buch mit dem Titel „Mitgefühl in der Wirtschaft"[9] veröffentlicht.

Darin beschreiben sie den Stellenwert des Mitgefühls für ein menschliches (Zusammen-)Leben und betonen, dass wir dringend ein empathischeres und mitfühlenderes Verhalten und Verhältnisse brauchen.

Dies sollten wir bereits in frühen Jahren trainieren. Laut Ricard und Singer konzentriere sich das moderne konventionelle Erziehungs- und Bildungssystem noch viel zu wenig auf die Veränderung der Persönlichkeit und die Kultivierung grundlegender menschlicher Qualitäten wie „mindfulness" (Achtsamkeit) und „loving kindness" (Liebende Güte). Diese Qualitäten auf uns selbst und andere angewandt, könnten jedoch zu einem menschlicheren und somit „gesünderen" Miteinander beitragen.

---

9 „Mitgefühl in der Wirtschaft" von Matthieu Ricard

So, wir sind am Ende unserer Einführungsrunde angelangt. Jetzt wechseln wir die Plätze und Sie übernehmen das Cockpit.

Das Cockpit

9 Die Cockpitübernahme

Sie sind bereit, das Steuer in die eigenen Hände zu nehmen. Herzlichen Glückwunsch, Sie haben den entscheidenden Schritt in eine gesunde (Selbst-)Führung getan.

Führung braucht als Basis immer Selbstführung. Erst im zweiten Schritt können wir Verantwortung für die Gesundheit anderer übernehmen.

Erst Fahrschüler*in dann Fahrlehrer*in. Andersherum macht es wenig Sinn, oder? Das könnte für die Führungskraft selbst – und für die Mitfahrenden – sogar sehr schnell überlastend, erschöpfend bis (lebens-)gefährlich werden.

Leider machen wir im Kontakt mit Führungskräften immer wieder die Erfahrung, dass relativ untrainierte – bisweilen rücksichtslose und skrupellose – Fahrer*innen in den Unternehmen unterwegs sind, die sowohl sich selbst als auch andere gefährden.

Sie glauben das nicht?

Dann erzählen wir Ihnen in einem separaten Termin gerne unsere Erfahrungen zu Mobbing, Bossing, Schikanen, Demütigungen, Denunziationen und vielen anderen Auswüchsen im Führungsbereich.

Von den Entgleisungen und Auswüchsen, die Menschen zum Allgemeinarzt, zum Psychiater, zum Psychotherapeuten und in psychotherapeutische Kliniken bringen.

Von den Erfahrungen, die sie krank machen, bisweilen in den Suizid treiben.

Solche Darstellungen dringen nur nicht an die Öffentlichkeit. Häufig wird dies mit dem „Werther Effekt“ begründet, dass dies andere verleiten könnte, dasselbe zu tun.

Wir im Team von Resilienz Consulting vertreten hier eine andere Meinung und tendieren zum „Papageno-Effekt". Durch eine stärkere Thematisierung und Diskussion könnten möglicherweise sogar Suizide vermieden werden. Diese Sichtweise wird bedauerlicherweise zu wenig öffentlich diskutiert. So bleibt der Suizid, der selbstverständlich auch im Unternehmenskontext eine Rolle spielt, weiterhin ein Tabuthema.

Doch diese Frage können wir in diesem Rahmen unseres Buches natürlich nur anreißen, nicht abschließend klären. Das würde viel zu weit führen.

Eine Frage, die wir vertiefen möchten, ist jedoch, warum es immer noch nicht Standard ist, dass Menschen, die andere Menschen „führen" sollen – denen also die Gesundheit und das Wohlbefinden von anderen Lebewesen anvertraut wird – darin nicht adäquat ausgebildet werden.

Kein Gabelstapler darf bestiegen werden ohne die entsprechende Betriebserlaubnis, keine Wartungsarbeiten an den kostbaren Maschinen ohne den Nachweis einer adäquaten Ausbildung, Zertifizierung und Professionalisierung.

Im Umgang mit Menschen darf jeder ran, auch ohne Ausbildung, Training oder Führerschein.

Der Mensch im Mittelpunkt? Wirklich?

Übernehmen Sie – wenn Sie bereits Führungskraft sind oder in Kürze werden – die Verantwortung und fordern Sie ein, dass Sie für diese anspruchsvolle Aufgabe auch qualifiziert werden.

Dass Ihnen nicht nur Seminare und Weiterbildungen in Präsentations-Techniken, Projektmanagement, Controlling, Rhetorik und „Überzeugender Selbstdarstellung" angeboten werden, sondern ebenfalls Fortbildungen in psychologischen, sozialen und spirituellen Kompetenzen.

Wenn Sie sich nicht selbst ans Steuer setzen und das Lenkrad übernehmen, wird es mit einer hohen Wahrscheinlichkeit niemand anderes für Sie tun?

Warum auch? Dadurch entstehen doch erst einmal nur Kosten.

Dass dies jedoch eine der effizientesten und effektivsten Investitionen in Unternehmen ist, wird oft noch übersehen:

Die Investition in die Menschen, deren Gesundheit, ein gesünderes Zusammenleben und -arbeiten, und somit letztlich auch für ein „gesünderes" Betriebsergebnis.

Wir haben das im Verlauf unserer eigenen langjährigen Führungstätigkeiten immer wieder am eigenen Leib erfahren dürfen.

Gesundheit wird immer noch als „weiches Thema" im Vergleich zu den harten Themen wie Return on Invest, Produktivität, Liquidität und Wirtschaftlichkeit angesehen. Dabei stehen diese „hard facts" in direktem Zusammenhang mit der Gesundheit, Motivation, Leistungsfähigkeit und -bereitschaft der Mitarbeitenden.

Viel zu lange haben Unternehmen über die Bedürfnisse, Werte – und auch über die Gesundheit – der Menschen hinweg gearbeitet.

Nicht selten mit der Einstellung:

"Wem es hier nicht passt, der kann ja gehen. Vor dem Firmentor warten bereits die nächsten darauf, deinen Arbeitsplatz zu übernehmen!"

Möglicherweise hat aber genau diese Haltung zu der rapiden Zunahme psychischer Erkrankungen geführt, zumindest ihren Teil zu der aktuellen Entwicklung beigetragen.

Aus vielen Gesprächen mit Millennials entnehmen wir, dass sie diese Nicht-Berücksichtigung ihrer Bedürfnisse und diese Haltung in den

Unternehmen nicht mehr dulden. Sie haben ihre eigenen Vorstellungen von Arbeit und Zusammenarbeit.

Unternehmen werden sich hier aus unserer Einschätzung sehr stark bewegen und verändern dürfen, sonst werden sie in Zeiten des Fachkräftemangels mit großen Schwierigkeiten beim Besetzen freier Stellen rechnen müssen.

Wollen Unternehmen auch zukünftig Mitarbeitende für sich begeistern, attraktive „Arbeitgeber" sein, Resignation und Fluktuation vermeiden, dann werden sie sich über kurz oder lang auf die veränderten Vorstellungen und Erwartungen, ja Lebenskonzepte, der nachfolgenden Generationen einstellen dürfen.

Denn:

Wer sich nicht bewegt und verändert, der wird bewegt und verändert.

Mit hoher Wahrscheinlichkeit aus dem Markt. Also übernehmen Sie Verantwortung für sich selbst und andere. Für Ihre eigene Gesundheit, Ihre Resilienz und Ihr Wohlbefinden.

Übernehmen Sie das Cockpit, mutig und voller Selbstvertrauen. Wie Sie das nötige Selbstvertrauen gewinnen können – falls Sie es nicht bereits besitzen – zeigen wir Ihnen im nächsten Kapitel mit unserer „Treppe ins Selbstvertrauen".

Treppe ins Selbstvertrauen
Selbstvertrauen
Selbstwirksamkeit
Selbstbewusstsein
Selbstwahrnehmung
Selbstzuwendung

10 Die Treppe ins Selbstvertrauen

Wir haben im vorhergehenden Kapitel die elementare Bedeutung der Übernahme von Selbstverantwortung gesehen, und wieso dieser Aspekt so eine wesentliche Rolle spielt.

Doch wie gelangen wir in das Selbstvertrauen, schaffen es, in die Selbstverantwortung zu gehen und das Steuer selbst in die Hand zu nehmen? Wie erarbeiten wir uns das Vertrauen in uns selbst, das wir dringend brauchen, um auch unseren Mitarbeitenden später Vertrauen schenken zu können?

Das Vertrauen in Ihre Teammitglieder werden Sie benötigen, denn sonst werden Sie mit einer hohen Wahrscheinlichkeit im Sinne McGregors eher zur X-Haltung tendieren, dass Menschen von sich aus eher unmotiviert, kaum intrinsisch motiviert sind, und das Erreichen der gesteckten Ziele „Zuckerbrot und Peitsche“, sowie permanente Kontrolle benötigt. Gegenüberstehend ist die Y-Haltung, die besagt, dass Menschen von sich aus höchst intrinsisch motiviert sind und durch Freiraum performen.

Ohne eine gesunde Portion (Selbst-)Vertrauen werden Sie sich mit loslassen, Aufgaben delegieren und der Umsetzung einer vertrauensvollen Fehler-, Kommunikations- und Konfliktkultur eher schwer tun.

Die Basis ist also stets das Vertrauen in uns selbst. Wie sieht dieser Weg in den einzelnen Schritten aus?

Betrachten wir die Stufen ins Selbstvertrauen, startet dieser Prozess immer mit einer Selbstzuwendung. Warum diese Selbstzuwendung keine Selbstverständlichkeit ist, haben wir bei der Betrachtung unseres Sozio-Reifens bereits kennengelernt. Kinder brauchen zum Überleben in dieser Welt die Hilfe und Unterstützung anderer und sind somit darauf „sozialisiert“, sich erst einmal in die Fremdzuwendung zu begeben.

Erst mit der Zuwendung zu uns selbst, was in unserer Kultur nicht selten als Egoismus deklariert, beurteilt bis verurteilt wird, können wir uns überhaupt selbst wahrnehmen. Denn wie sollten wir unsere eigenen Bedürfnisse, Werte, Gedanken und Gefühle wahrnehmen können, wenn wir ständig damit beschäftigt sind, die Bedürfnisse des Umfelds wahrzunehmen und zu erfüllen?

Falls Ihnen jetzt der Gedanke kommen sollte, dass es doch wichtig ist, dass wir ein Auge für unsere Mitmenschen und unsere Umwelt haben sollen, stimmen wir darin völlig mit Ihnen überein. Wir möchten auch nicht den Eindruck erwecken, als ob es hier um ein „entweder-oder" ginge. Wichtig ist uns die Betonung des „sowohl-als-auch".

Wir dürfen jederzeit auch ein Auge, ein Ohr und Herz für uns selbst haben, sonst können wir schnell zu „Hilflosen Helfer*innen" werden. Und die gehen nicht selten „blinden Auges" in die Erschöpfung, das Burnout oder die Erschöpfungsdepression. Wir haben das tausendfach beobachten und begleiten dürfen in den letzten Jahren.

Daher empfehlen wir Ihnen dringend den Schritt in die Selbstzuwendung.

Über die Selbstzuwendung und somit die Chance zur Selbstwahrnehmung kommen wir Schritt für Schritt in ein Selbstbewusstsein. Wir werden uns unseres SELBST immer bewusster. Die Fragen, wer bin ich, was ist mir wichtig im Leben, wie denke und fühle ich, werden zunehmend beantwortet. SelbstverANTWORTung findet statt.

Mit diesem Bewusstsein für die eigenen Antworten können wir selbstwirksam werden. Wir leben das, was uns selbst entspricht, nicht die Vorstellungen, Werte und Erwartungen anderer. Wir werden zu selbstbestimmten Wesen und leben aus unserer eigenen Mitte.

Die Erfahrung der Selbstwirksamkeit lässt über die Zeit ein Vertrauen in uns selbst erwachsen, ein Selbstvertrauen.

Und noch einmal:

Das hat nichts mit einem egozentrischen Leben zu tun, in dem Mitmenschen keinen Platz haben. Diese Selbstzuwendung und der Weg ins Selbstvertrauen orientieren sich eher an:

„Liebe Deinen Nächsten, wie Dich selbst".

Die Menschen, denen wir im Rahmen unserer Arbeit begegnen, vergessen jedoch nicht selten das, was nach dem Komma steht, und gehen aufgrund dessen in die Erschöpfung.

Unterschätzen Sie also bitte den ersten Schritt in die Selbstzuwendung nicht, denn ohne ihn können die weiteren Stufen nicht erklommen werden.

Im Coaching erleben wir immer wieder, dass dieser Schritt einer glasklaren Entscheidung bedarf. Einem eindeutigen „JA" zu uns selbst.

Im Grenzbereich von Coaching und Therapie kommen dann bei Führungskräften nicht selten die Überzeugung zum Vorschein, sich erst um sich selbst kümmern zu dürfen, wenn alle anderen versorgt sind. Damit verknüpft sind Glaubenssätze wie:

Du bist nicht so wichtig.

Das bist du nicht wert.

Ich darf niemanden enttäuschen.

Ich habe etwas gutzumachen, weil ich an etwas schuldig bin.

Gehen Sie doch einmal in sich, ob auch in Ihnen noch solche „Relikte aus der Vergangenheit" schlummern, die Ihnen eine gesunde Selbstfürsorge erschweren.

So, nun haben wir alle Vorbereitungen für unsere gemeinsame (Bildungs-)Reise abgeschlossen, der Wagen ist startklar, der Gurt ist angelegt, das Navi ist programmiert, legen wir den Gang ein, lassen die Kupplung langsam kommen und fahren los zur ersten Station auf dem Weg zum Resilienzführerschein.

Beantworten wir im nächsten Schritt die Frage, was diese Resilienz eigentlich ist.

Ihr Belastungs- & Ressourceninventar

- Schlaf
- Bewegung
- Ernährung
- Schmerz
-
-
-
-

- Gedanken
- Emotionen
- Glaubenssätze
- Erfahrungen
-
-
-
-

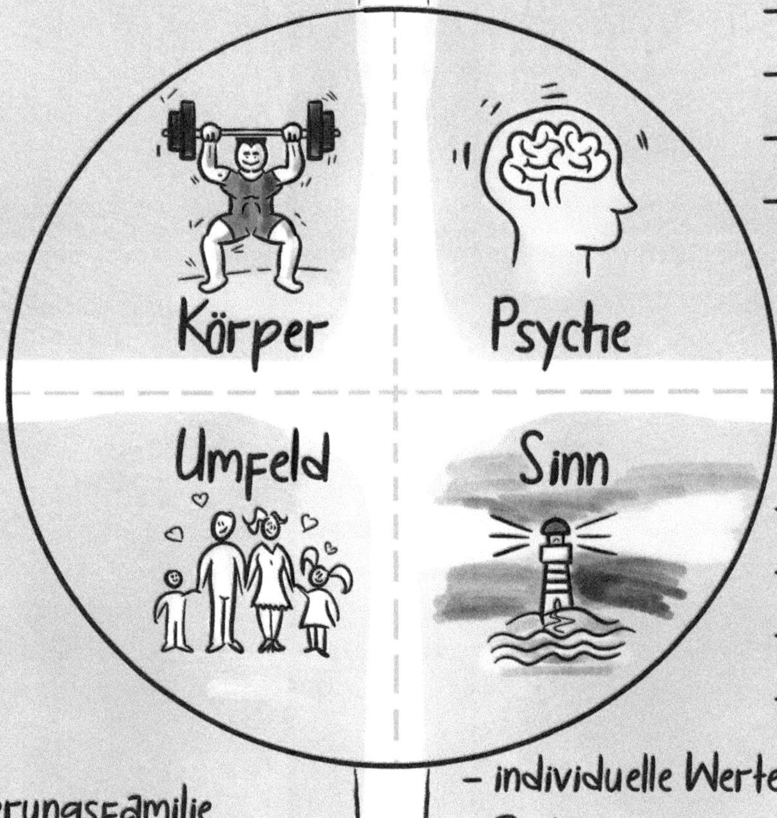

-
-
-
-
- Ursprungsfamilie
- aktuelle Partnerschaft
- Gesellschaft
- Arbeitswelt

-
-
-
-
- individuelle Werte
- Bedürfnisse
- Ziele
- Berufung
- Lebenssinn

11 Ihr persönliches Belastungs- und Ressourceninventar

So, jetzt ist es an der Zeit, das theoretisch Gelernte anzuwenden. Sie dürfen nun in der Praxis Ihr persönliches Belastungs- und Ressourcen-Inventar erstellen.

Legen Sie sich einen roten und einen grünen Stift bereit.

Mit dem grünen Stift können Sie sich – ganz im Sinne der Ressourcenorientierung und der Positiven Psychologie – Ihren Kraftspendern widmen. Markieren Sie in den vier Bereichen Ihres Lebens alles, was Ihnen Kraft spendet.

Mit dem roten Stift können Sie die Krafträuber in Ihrem Leben anmarkern.

Wenn Sie fertig sind, haben Sie in visualisierter Form Ihre Belastungen und Ressourcen vor Augen. Sie sind sich deren bewusst, was bedeutet, Ihr Verstand hat erkannt, wo sie Energie gewinnen und verlieren.

Was Sie nun noch ergänzen dürfen, ist das Gefühl dazu. Wie fühlen Sie sich bei der Betrachtung Ihres Belastungs- und Ressourcen-Inventars?

Sagen Sie jetzt bitte nicht „gut" oder „schlecht". Beides sind keine Gefühle, sondern die Bewertung dieser. Was Sie jedoch brauchen, um Ihre Gesundheit und Resilienz zu stärken, ist das dazugehörige Gefühl.

Macht Sie das Ergebnis traurig, ängstlich, ohnmächtig, wütend, resignativ oder schmerzt es Sie?

Nehmen Sie Kontakt mit Ihrem Körper auf, nehmen Sie ihn wahr, werden Sie sich bewusst, wo Sie sich fühlen.

Erinnern Sie sich an die einzelnen Stufen der Treppe ins Selbstvertrauen? Exakt, Sie erklimmen sie gerade.

Nehmen Sie nun auch wahr, wie Sie reagieren, wenn die Gefühle spürbar werden. Versuchen Sie zu flüchten, sich abzulenken oder gar diese zu bekämpfen?

Nehmen Sie es wahr, bewerten, beurteilen und verurteilen Sie nichts.

Sie werden schnell feststellen, dass wir relativ untrainiert sind im Umgang mit unserer Gefühlswelt. Wir sind kognitive (Verstandes-) Riesen und emotionale Zwerge.

Deshalb treten auch immer mehr psychosomatische Erkrankungen auf, die uns darauf hinweisen, dass unsere Psyche integriert werden will. In der Psychosomatik gibt es einen einprägsamen Spruch, wo die Seele zum Körper sagt:

„Sag´Du es ihm/ihr, auf mich will er/sie nicht hören!"

Unsere Gefühlswelt lässt sich nicht dauerhaft negieren und verdrängen. Irgendwann bringt sie sich über körperliche Symptome zum Ausdruck.

Sie haben also erkannt und gefühlt, wo Sie sich energetisch gerade befinden, wie viel Benzin Sie noch im Tank haben.

Wo möchten Sie nun im nächsten Schritt ansetzen? Ihnen stehen zwei Wege offen, Ihr Energieniveau zu beeinflussen. Zum einen über eine Reduzierung der Krafträuber, zum anderen über den Ausbau Ihrer Kraftspender.

Beide Varianten lassen Sie resilienter werden.

In der Praxis beginnen wir meist damit, erst einmal unsere Kraftspender (wieder) zum Leben zu erwecken. Das ist wunderbar und bringt schon einmal spürbar mehr Energie zurück ins Leben.

Ab einem gewissen Punkt merken wir dann, dass wir mit dem Ausbau der Ressourcen irgendwie an Grenzen stoßen. Dann wollen die Krafträuber betrachtet werden.

Es ist ein wenig wie im Fitness-Studio, da gibt es Geräte und Übungen, die uns mehr liegen, andere weniger. Für ein ausgewogenes Training macht es jedoch keinen Sinn nur den Bizeps zu trainieren.

Also kümmern Sie sich bitte auch um die Reifen an Ihrem Fahrzeug, wo es Ihnen erst einmal schwerfällt. Die Weiterfahrt hängt nicht nur von einzelnen Reifen ab, alle wollen befüllt sein.

Betrachten wir im nächsten Schritt den Werkzeugkasten, der Ihnen zur Verfügung steht, wenn Sie die verschiedenen Reifen „reparieren“ wollen.

Ihr Werkzeugkoffer

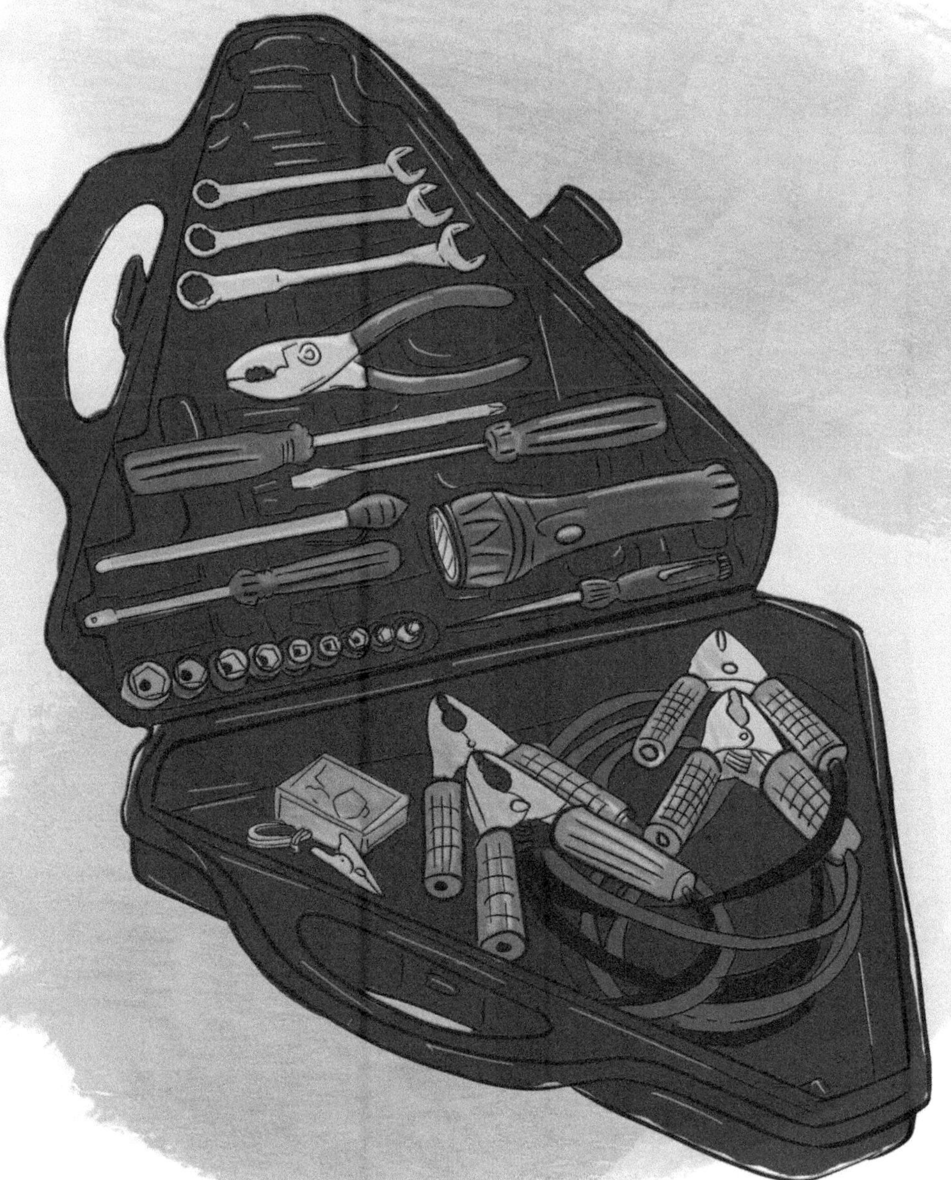

12 Ihr Werkzeugkoffer

12.1 Die Werkzeuge für die Reparatur des Bio-Reifens

Was kann ich denn nun ganz konkret für meine Resilienz tun, wenn ich Schwachstellen in den einzelnen Reifen identifiziert habe? Welche Werkzeuge, Methoden und Techniken stehen mir zur Verfügung?

Wir werden Ihnen in diesem Kapitel Impulse geben. Wählen Sie nach Ihrem eigenen Geschmack aus, ergänzen Sie Ihren Werkzeugkoffer beliebig mit eigenen Methoden und Werkzeugen. Letztendlich kommt es darauf an, dass diese zu IHNEN passen und sich stimmig für Sie anfühlen.

Viele Wege führen nach Rom, fahren Sie den, der Ihnen zusagt.

Betonen möchten wir, dass Sie die Werkzeuge mit einer selbstfürsorglichen und selbstmitfühlenden Haltung anwenden sollten. Es geht nicht um ein „schneller-besser-weiter", den Leistungsaspekt dürfen Sie ausnahmsweise einmal außen vorlassen. Die Messlatte legen Sie mit hoher Wahrscheinlich für sich selbst sehr hoch. Jetzt dürfen Sie einmal testen, ausprobieren, Fehler machen und scheitern. Es geht um ein genussvolles Erkunden, was stimmig für Sie ist, in gesunder Selbstabgrenzung zu Erwartungen, Vorstellungen und Bewertungen von außen.

Die „Werkzeuge" für den Bio-Reifen sind vielfältig. Um nur einige zu nennen:

- Bewegung jeglicher Art
- Bewusste Ernährung/Ernährungsumstellung
- Entspannungsmethoden
- Autogenes Training/Progressive Muskelrelaxation
- Achtsamkeitstraining/MBSR

- Meditation
- Phantasiereisen
- Yoga/Tai Chi/Chi Gong/Feldenkrais
- ...und viele andere.

Wichtig ist uns an dieser Stelle zu betonen, dass jeder seinen eigenen individuellen Weg in die Entspannung hat. Probieren Sie unterschiedliche Methoden aus und vertrauen Sie Ihrem Körper und Ihren Gefühlen. Wenn Sie Autogenes Training und Progressive Muskelrelaxation nicht in die Entspannung bringen – vielleicht sogar das Gegenteil bewirken -, dann ist es vielleicht ein schattiges Plätzchen im Wald oder an einem See. Vielleicht entspannen Sie aber auch am besten in der Sauna oder beim Töpfern? Finden Sie Ihre eigenen Werkzeuge zum Befüllen Ihres Bio-Reifens.

12.2 Die Werkzeuge für die Reparatur des Psycho-Reifens

Wenn Sie Ihrem Psycho-Reifen etwas Gutes tun möchten, dann können Sie dies vorrangig über die Arbeit an Ihren Glaubenssätzen und die „Arbeit" mit Ihren Gefühlen.

Für die Transformation unserer Glaubenssätze dürfen wir uns dieser im ersten Schritt erst einmal bewusst werden.

Kennen Sie Ihre persönlichen Glaubenssätze? Sie bräuchten ein paar Impulse, um diesen etwas näher zu kommen?

Da können wir Ihnen gerne behilflich sein. Nachfolgend einige Glaubenssätze, die wir in der Zusammenarbeit mit Führungskräften immer wieder hören, und an denen wir anschließend gemeinsam arbeiten:

- Ich bin nicht wichtig!
- Ich kann nichts!
- Ich bin nicht richtig!

- Ich genüge nicht!
- Ich falle anderen zur Last!
- Das Leben ist ein Kampf!
- Alle Männer/Frauen sind schlecht!
- Du darfst niemandem vertrauen!

Unsere Glaubenssätze beeinflussen unser Verhalten, denn „Energy flows where attention goes". Und so bilden wir unsere individuellen Strategien im Umgang mit diesen Überzeugungen.

Nehmen Sie sich einen kurzen Moment Zeit und beantworten Sie für sich die Frage:

Welche Glaubenssätze habe ich gebildet und wie reagiere ich darauf?

Auch hier ein kleiner Impuls für Sie:

Wir reagieren meist mit „Angriff", „Flucht" oder „Tot-Stellen". Was ist Ihr bevorzugtes Reaktionsmuster?

Selbstverständlich stehen uns alle Varianten zur Verfügung, und wir variieren und kombinieren die einzelnen Muster auch. Wichtig ist, dass Sie sich dessen bewusst(er) werden.

Die Arbeit an und mit unseren Gefühlen ist aus unserer langjährigen Erfahrung die mit Abstand anspruchsvollste „Rennstrecke", um in unserer Fahrzeugsprache zu bleiben.

Warum ist dem so? Wir sind in unserem Bildungs- und Erziehungssystem sehr kognitiv-rational unterwegs. Emotion und Intuition werden wesentlich weniger, wenn überhaupt, geschult.

Nicht selten sind wir mehr oder weniger sogar von unseren Gefühlen „abgeschnitten", zumindest jedoch sehr untrainiert im Umgang mit ihnen. Dann stecken diese oft fest, obwohl sie in freiem Fluss sein möchten. Ist dies über einen langen Zeitraum so, dann melden sie sich zunehmend über den Körper, denn irgendwie möchten sie zum Ausdruck gebracht werden. Richtig, dann wir befinden uns im Bereich der psychosomatischen Symptome.

Mit welcher Methode und Technik können wir nun an und mit unseren Gefühlen arbeiten?

Sie ahnen es wahrscheinlich bereits:

Die Methode nennt sich F Ü H L E N.

Und hier beißt sich die Katze sprichwörtlich in den Schwanz, denn wir sollen nun etwas tun, was wir verlernt haben, nämlich zu fühlen.

Und dann beginnen wir als Erwachsene irgendwann wieder damit, unsere Gefühlswelt „wiederzubeleben", mit Therapieformen, die Gefühle fokussieren und trainieren, mit Biografiearbeit, Arbeit an unseren Inneren Kindern, Traumatherapie und vielem mehr.

Auch hier bietet der Werkzeugkasten viele Möglichkeiten, finden Sie die stimmigen „Instrumente" für sich selbst. Probieren Sie aus, testen Sie und haben Sie Freude daran.

12.3 Die Werkzeuge für die Reparatur des Sozio-Reifens

Unseren Sozio-Reifen können wir über das „Erarbeiten" gesunder und sozial unterstützender Kontakte reparieren.

Das Hauptwerkzeug ist Kommunikation, inklusive eines gesunden und resilienten Konfliktmanagements.

Doch auch in diesem Punkt stellen wir immer wieder fest, dass Führungskräften grundlegende Kompetenzen in Kommunikations- und Konfliktlösungspsychologie fehlen.

Bitte verstehen Sie das nicht als „Führungskräfte-Bashing", sondern als Wahrnehmung.

Woher sollten sie das Wissen und die Kompetenz auch haben? Wir befinden uns in einem weiteren Bereich, der für ein gesundes und resilientes Leben und Zusammenleben essenziell wäre und unzureichend in unserem Bildungssystem vermittelt wird.

Und auch das ist nicht im Sinne von Zuschieben des „Schwarzen Peters" zu interpretieren. Was wäre gewonnen, wenn wir es dabei belassen würden, „Schuldige" für die Misere gefunden zu haben?

Wir wollen eine Diskussion in Gang setzen, wo wir zukünftig diese Kompetenzen schulen und trainieren wollen. Denn notwendig wäre es schon seit langem.

12.4 Die Werkzeuge für die Reparatur des Sinn-Reifens

Für die „Reparatur" unseres spirituellen Reifens können wir unter anderem folgende „Werkzeuge" einsetzen:

- Wir werden uns unserer Bedürfnisse bewusst.
- Wir erforschen unsere Werte.
- Wir gestatten uns, zu träumen.
- Wir erkennen, was unserem Leben „Sinn" verleiht.
- Wir stellen uns die Fragen: Wer bin ich und was will ich?
- Wir folgen unserer „Berufung".
- Wir befassen uns mit Tod und Sterben.

Liebe, Glaube, Hoffnung sind Aspekte, die Menschen auch immer wieder nennen, wenn wir ihnen die Frage stellen, welche Möglichkeiten sie sehen, ihren Sinn-Reifen mit Luft zu befüllen.

Tauchen Sie ein in die spirituelle Welt, finden Sie IHREN Sinn im Leben, ganz nach Viktor Frankls Zitat:

„Der Sinn des Lebens ist es, dem Leben einen Sinn zu geben."

13 Die gesunde Führung

Nachdem Sie nun wissen, wie Sie sich selbst gesund „führen" können, lassen Sie uns gemeinsam diese Erkenntnisse in Ihren Kontext als Führungskraft übertragen.

Um in unserem Bild zu bleiben:

Sie haben bisher erst einmal einige Tage auf dem Verkehrsübungsplatz allein verbracht, sich mit Ihrem eigenen Fahrzeug angefreundet. Jetzt geht es hinaus zu den anderen Verkehrsteilnehmer*innen, in den Stadtverkehr, die „Rush Hour", auf die Landstraße und die Autobahn.

Und Sie ahnen es bereits, dass die ruhige Zeit nun ein Ende hat. Vielleicht gehören Sie selbst ja sogar zu den eher entspannten Fahrer*innen, Sie werden jedoch schnell feststellen, dass Sie damit ein ziemlich seltenes Exemplar im Straßenverkehr darstellen.

Denn dort haben es die Menschen eilig. Dort wird gedrängelt, aufgeblinkt, genötigt und der Mittelfinger schnellt sehr zügig nach oben. Es werden die stattlichen Pferdestärken ausgefahren und der Selbstwert in Höhen katapultiert, was außerhalb des Straßenverkehrs undenkbar wäre.

Konnten wir Ihnen die Stimmung ein wenig näherbringen, in der sich viele Führungskräfte befinden? Zumindest diejenigen, die mit uns in Kontakt gehen, und die um Beratung, Coaching bis hin zu therapeutischer Begleitung bitten. Ja, selbst in diese Bereiche können wir mit Ihren Führungskräften gehen, da wir auch einen Therapeuten im Team dabeihaben. Und das macht durchaus Sinn, wie wir bei der Darstellung der Ist-Situation gesehen haben, mit der durchschnittlichen Wartezeit von etwa einem halben Jahr auf Unterstützung.

Die „Sandwich-Position“, in der sich Führungskräfte befinden, wird häufig ähnlich belastend bis überlastend erlebt wie der „Kampf“ im Straßenverkehr. Eine immense körperliche und psychische Anspannung.

Und nun sollen Sie sogar neben der eigenen Befindlichkeit auch noch auf die Ihrer Mitarbeitenden achten, tragen (Mit-)Verantwortung für deren Gesundheit und Wohlbefinden. Denn als Führungskraft – beziehungsweise verlängerter Arm der Unternehmensführung – haben sie eine Fürsorgepflicht, die körperlichen und psychischen Gefährdungspotenziale des Arbeitsplatzes zu erheben und dafür zu sorgen, dass kein beteiligter Mensch Schaden erleidet. Damit ist die Minimalanforderung an eine gesunde Führung beschrieben.

Sie können als Führungskraft – über die reine Schadensvermeidung hinaus – jedoch noch wesentlich mehr dazu beitragen, dass die Gesundheit Ihrer Mitarbeitenden erhalten, vielleicht sogar gefördert wird. Wir zeigen Ihnen im Folgenden unterschiedliche „Werkzeuge und Methoden“ resilienter Führung.

Bevor Sie in den Werkzeugkasten greifen, sollten Sie sich jedoch einige grundlegende Fragen stellen, die Ihr Denken, Fühlen und Handeln als Führungskraft wesentlich beeinflussen, sei es nun bewusst oder unbewusst:

- Was verstehe ich persönlich unter „Führung“?
- Welche Erfahrungen habe ich selbst mit „Vorgesetzten“ erlebt? Wie habe ich mich dabei gefühlt? Was möchte ich anders machen im Kontakt mit meinen Mitarbeitenden?
- Worin sehe ich meine wesentlichen Aufgaben als Führungskraft?
- Wie definiere ich meine „Führungsrolle?“ Bin ich Anweiser*in, Delegierer*in, Begleiter*in, Coach*in oder Diener*in?

- Wodurch zeichnet sich aus meiner Sicht eine „gute“ Führungskraft aus?
- Ist mir bereits bewusst, dass sich mein Verhalten auf das Wohlbefinden und die Gesundheit meiner Mitarbeiter*innen auswirkt? (Führungskräfte nehmen ihren „Krankenstand“ in neue Abteilungen mit)
- Braucht Führung aus meiner Sicht Hierarchie?
- Welche Haltung habe ich bezüglich der „Arbeitsmotivation von Menschen? (Brauchen Mitarbeitende eher „Zuckerbrot und Peitsche“, um motiviert zu arbeiten, oder arbeiten sie intrinsisch motiviert?)
- Wie nehme ich meine Mitmenschen allgemein wahr, wie im Unternehmenskontext? (eher als Unterstützung oder Bedrohung?)
- Kann ich anderen Menschen vertrauen? (privat, beruflich)
- Welche Beziehungserfahrungen nehme ich womöglich in jede neue Begegnung mit?
- Kann ich als Führungskraft loslassen und Aufgaben delegieren?
- Wie sehr brauche ich Kontrolle über die Mitarbeitenden?
- Nehme ich den Menschen hinter dem Mitarbeitenden wahr? Interessiert mich der Mensch hinter der Arbeitsaufgabe und Stellenbeschreibung?
- Sind die Bedürfnisse, Werte, Ziele, Gefühle und das Sinnerleben meiner Mitarbeiter*innen von Bedeutung für mich?
- Gibt es Mitarbeitende, die ich besonders oder überhaupt nicht mag? Warum ist das so? Was „triggert“ mich bei den Menschen, die ich ablehne oder die mich emotional verstören?
- Wie reagiere ich auf diese Stress-Situationen: Angriff, Flucht oder Totstellen?
- Wie reagiere ich auf Kritik? Bin ich kritikfähig?

- Wie häufig suche ich im Lauf des Tages Kontakt zu meinen Mitarbeitenden?
- Wie wichtig ist mir Harmonie? Bin ich harmoniebedürftig oder harmoniesüchtig?
- Wie reagiere ich als Führungskraft, wenn im Team Konflikte wahrnehmbar und spürbar werden?
- Stehe ich bei „Kritik von oben“ zu meinen Mitarbeiter*innen?
- Stehen meine Mitarbeiter*innen für mich wirklich im Mittelpunkt oder bin ich Mittel(-Punkt)?

Die Auflistung ist natürlich unvollständig, soll Ihnen aber einige Impulse zur Selbstreflexion mit auf den Weg geben, die jede Führungskraft für sich beANTWORTen sollte, selbstverANTWORTlich.

Betrachten wir im nächsten Schritt die Möglichkeiten, die Ihnen für eine gesunde und resiliente Führung Ihrer Mitarbeitenden zur Verfügung stehen.

13.1 Gesund führen unter biologischen Aspekten

Viele Unternehmen sind, was die biologische Gesundheit der Mitarbeitenden anbelangt, heute bereits sehr aktiv. Sie gehen deutlich über das hinaus, was ihnen durch die Gefährdungsbeurteilung vorgeschrieben wird. So sind ergänzende Gesundheitsangebote, um die körperliche Leistungsfähigkeit ihrer Mitarbeiter*innen zu erhalten oder das Wohlbefinden zu steigern, keine Seltenheit.

Zu den Angeboten gehört dabei unter anderem:

- Gesunde Ernährung in der Kantine
- Bewegungs- und Entspannungsangebote
- Mobile Massage am Arbeitsplatz
- Gesundheitstage
- Gesundheits-Checkups

- Chillout-Rooms
- Kooperationen mit Fitness-Studios
- Präventionsprogramme und Kooperationen mit Krankenkassen

In Unternehmen mit Schichtbetrieb werden zum Teil die Schichtmodelle optimiert, um den Mitarbeitenden die Belastung durch die Nachtschicht-Arbeit zu reduzieren, und deren Schlaf unter den körperlich strapaziösen Wechseln so gesund wie möglich zu gestalten.

Betriebsmedizinische Beratung und Versorgung, Vorsorge-Checkups und vieles mehr runden die Angebote der Unternehmen im Hinblick auf den körperlichen Aspekt ab.

Im Hinblick auf eine „biologisch gesunde Führung" sind viele Unternehmen mittlerweile richtig gut aufgestellt. Falls dem bei Ihnen noch nicht so sein sollte, setzen Sie doch Impulse für eine der oben genannten Maßnahmen.

13.2 Gesund führen unter psychologischen Aspekten

Was hinsichtlich der körperlichen Gesundheit der Mitarbeitenden bereits sehr fortgeschritten ist, kommt im Bereich psychologisch gesunden Führens eher noch in den Kinderschuhen daher.

Wir haben gesehen, dass bereits die Erhebung der psychischen Gefährdungspotenziale suboptimal umgesetzt wird, um den Umstand, dass gerade einmal ein Drittel der Unternehmen dies praktiziert, sehr diplomatisch zu formulieren.

Wo liegen die Gründe dafür? Warum findet die vorgeschriebene Umsetzung nicht statt?

Hat die psychische Gesundheit der Mitarbeiter*innen einen untergeordneten Stellenwert? Fehlt es den Akteuren in den Unternehmen an Wissen, wie sie mit der Beurteilung psychischer

Gefährdungen umgehen sollen? Scheuen sie sich auch in der heutigen Zeit noch, das Thema „Psyche“ aufzugreifen, weil diesem noch immer der Charakter von „psychischer Erkrankung“ und „Verrückt-Sein“ anhaftet?

Was blockiert bereits die „Datenerhebung“, von der Auswertung, Diskussion, Erarbeitung gemeinsamer Ziele, Durchführung und Evaluation der Maßnahmen ganz zu schweigen?

Als Führungskraft können Sie bereits einen wichtigen Beitrag für die Gesundheit Ihrer Mitarbeitenden leisten, wenn Sie die gesetzlichen Vorgaben erfüllen.

Denn damit könnten Sie möglicherweise die Ursachen für Absentismus, Präsentismus, Dienst nach Vorschrift und innere Kündigung ergründen. Diese sind nämlich eher im psychologischen Bereich zu finden. Zudem besteht die Möglichkeit weitere Ansatzpunkte für Veränderungsbedarf im Unternehmen zu identifizieren.

Was kennzeichnet eine psychologisch gesunde Führung?

Unter dem Aspekt der Haltung zu den Mitarbeitenden ist es eine wertschätzende und würdigende Führung. Der Mensch wird als Mensch betrachtet und würdevoll behandelt, nicht auf einen „Produktionsfaktor“ reduziert. Der Mensch verschwindet nicht hinter Begrifflichkeiten, wie Mitarbeitender, Belegschaft oder Personalwesen, sondern wird als Lebewesen mit Bedürfnissen, Werten und Gefühlen gesehen.

Wenn Führungskräfte unter psychologischen Aspekten gesund führen wollen, sollten Ihnen zudem die zwei wesentlichen menschlichen Grundbedürfnisse bekannt sein:

Zum einen das Bedürfnis nach Wachstum, Entwicklung und freier Entfaltung. Zum anderen das Bedürfnis nach Sicherheit, Zugehörigkeit und Eingebunden-Sein.

So kann es zum Beispiel sein, dass sich die Psyche des einen Mitarbeiter/der einen Mitarbeiterin in Ihrem Team mehr Delegation von Ihnen wünscht, mehr Handlungs- und Entscheidungsspielraum, während die Psyche eines anderen eher Ihre Verfügbarkeit, Unterstützung und Rückendeckung benötigt, um Sicherheit zu gewinnen. Psychisch unterstützendes Führungsverhalten darf stets variabel und flexibel auf die Einzelpersonen und deren aktuelle Bedürfnisse abgestimmt werden.

Unter psychologischen Aspekten sollten Sie zudem folgende Faktoren mit einbeziehen:

- Quantität und Qualität der Arbeitsaufgaben
- Gefahr von Burnout oder Boreout
- Deckungsgleichheit von Aufgaben, Befugnissen und Verantwortung
- Entscheidungsanforderungen ohne ausreichende Informationsgrundlage
- Klare Kompetenzregelungen

13.3 Gesund führen unter sozialen Aspekten

Wenn Sie als Führungskraft unter sozialen Gesichtspunkten gesund führen wollen, dann dürfen Sie berücksichtigen, dass Ihre Mitarbeiter auch einen „Sozio-Reifen" besitzen und ein tiefes Bedürfnis nach Kontakt und einem sozial unterstützenden Miteinander haben.

Das heißt zum einen, dass Sie darauf achten sollten, dass weder Sie selbst noch Ihre Mitarbeitenden irgendein Mitglied des Teams ausgrenzen, denn soziale Ausgrenzung schmerzt. Untersuchungen zeigen, dass soziale Ausgrenzung psychischen Schmerz erzeugt und dauerhaft erlebt auch Krankheit daraus resultieren kann.

Gesunde Führung braucht ein harmonisches und konstruktives Miteinander. Das bedeutet nicht, dass es keine Reibungspunkte und Auseinandersetzungen geben darf, keineswegs. Doch nach dem Auseinandersetzen darf sich wieder zusammengesetzt werden.

Dabei muss nicht einmal Einigung erzielt werden. Vera Birkenbihl hat den wunderbaren Begriff des „Zweinigens“ in diesem Zusammenhang formuliert. Wir können uns bei unterschiedlichen Meinungen auch darauf einigen, dass in der Sache durchaus zwei Ansichten möglich sind. Deshalb können wir uns zwischenmenschlich auf der Beziehungsebene durchaus weiter wertschätzen und würdevoll behandeln.

Agieren Sie als Führungskraft stets einend und nicht spaltend, setzen Sie die Teammitglieder an einen Tisch, moderieren Sie den Diskurs. Sorgen Sie dafür, dass die Teammitglieder sich auch gegenseitig eine soziale Unterstützung sind. Wir haben gesehen, wie wichtig dieser Faktor für unsere Resilienz und unser Wohlbefinden ist.

Achten Sie zudem auf eine gesunde Kommunikation, sowie ein gesundes, konstruktives Konfliktmanagement. Schulen Sie sich selbst und Ihre Mitarbeiter zum Beispiel nach dem Modell der „Gewaltfreien Kommunikation“ von Marshall B. Rosenberg. Dies zeichnet sich durch nachfolgende Schritte der Konfliktlösung aus:

Schritt 1: Wahrnehmung, Beobachtung (ohne Bewertung) schildern.

Schritt 2: Emotionale Auswirkung der Beobachtung schildern. Welche Gefühle erscheinen?

Schritt 3: Welches Bedürfnis wird nicht befriedigt?

Schritt 4: Was ist meine Bitte, was wünsche ich mir?

Konflikte sind in der menschlichen Begegnung, und speziell im Arbeitsprozess, unvermeidbar. Wenn dem so ist, so sollten wir uns die nötigen Kompetenzen aneignen, insbesondere wenn wir Führungsaufgaben innehaben. Kommunikations-Seminare lagen aus unserer Erfahrung während unserer Betätigung in der Personalentwicklung jedoch weit hinter Projektmanagement-, Rhetorik-, Präsentations-, Zeitmanagement- und Zielvereinbarungs-Seminaren.

Ist Ihnen bei den vier Schritten einer „gesunden Konfliktlösung" aufgefallen, dass wir für eine konstruktive und gesunde Kommunikation nicht an unserer Gefühlswelt vorbeikommen? Gesunde soziale Führung braucht zwingend die Beteiligung unserer Psyche.

Während wir dies schreiben, erinnern wir uns an einen Workshop „Resilient kommunizieren", bei dem ein sehr erfahrener Personalleiter eines mittelständischen Unternehmens – ein sehr kompetenter und versierter Jurist und Spezialist im Arbeitsrecht –, in einer der Pausen sichtlich bewegt mit den Worten auf uns zukam:

„Jetzt verstehe ich, warum so viele meiner Gespräche und Verhandlungen in der Vergangenheit gescheitert oder wenig zufriedenstellend verlaufen sind. Ich bin mein Leben lang davon ausgegangen, dass Gefühle in solchen Terminen nichts verloren hätten, und wir uns ausschließlich auf die Sachebene konzentrieren sollten."

Warum lernen wir derart grundlegende Kompetenzen für unser privates und berufliches nicht bereits frühzeitig in unserem Bildungs- und Erziehungssystem?

Wenn Sie als Führungskraft unter sozialen Aspekt gesund führen wollen, dann brauchen Sie dafür den direkten Kontakt zu Ihren Mitarbeiter*innen.

Management by wandering around

Wandern Sie durch die Reihen Ihrer Mitarbeitenden, zeigen Sie Präsenz. Denn nur dann können Sie

- Hinschauen,
- Hinhören und
- Hinspüren

praktizieren.

Aus unserer Sicht sind dies wesentliche Bestandteile einer gesunden Führung.

In unseren Resilienztrainings und -ausbildungen taucht immer wieder die gleiche Frage auf:

„Wie kann ich denn als Führungskraft überhaupt erkennen, ob ein Mitarbeitender in den Burnout geht?"

Es sind genau diese drei Faktoren, die Ihnen das ermöglichen. Indem Sie vor Ort sind und hinschauen, hinhören sowie hinspüren.

Wie sollten Führungskräfte aus der Distanz Veränderungen im Denken, Fühlen oder Verhalten Ihrer Teammitglieder wahrnehmen? Wie könnten Ihnen frustrierende, resignative, traurige oder wütende Kommentare zu Ohren kommen? Wie sollte eine veränderte Mimik oder Gestik ins Auge fallen?

Für eine gesunde Führung brauchen Sie die Begegnung, den Kontakt mit den Menschen. Begeben Sie sich also auf „Wanderschaft".

Beantworten Sie vorab folgende Fragen für sich:

Habe ich diese Haltung, dass Begegnung und Kontakt wesentlich sind?

Will ich diese intensiven Begegnungen wirklich oder empfinde ich sie eher als störend für den Arbeitsprozess?

Kann ich einen vertrauensvollen sozialen Kontakt herstellen? Blockiert mich dabei irgendetwas?

Darf ich „Management by Wandering around“ betreiben? Werde ich dabei von meinen Vorgesetzten unterstützt? Habe ich den nötigen Freiraum und die Zeit dafür?

Würde ich mich dafür stark machen, wenn dem noch nicht so ist?

Kenne ich den Dreischritt gesunder Kommunikation und Konfliktlösung? Kann ich ihn anwenden? (Was nehme ich wahr? Was macht es emotional mit mir? Was wünsche ich mir?)

Sozial gesunde Führung funktioniert nicht aus dem Büro oder in den 15 Minuten zwischen zwei Projektsitzungen. Sie kann auch nicht über ein quartalsmäßiges Gespräch „operationalisiert“ werden.

Sozial gesunde Führung braucht Zeit für Begegnung und Austausch, sowie ein aufrichtiges und authentisches Interesse an menschlichem Kontakt.

Diese (Führungs-)Haltung wird zukünftig noch wesentlich wichtiger werden, wenn direkte Begegnung aufgrund zunehmender Home-Office-Arbeit durch „Remote-Führen“ reduziert oder abgelöst wird.

13.4 Gesund führen unter spirituellen Aspekten

Wenn Sie in spiritueller Hinsicht gesund führen wollen, spielt die Integration von Werten und Sinnhaftigkeit in die tägliche Begegnung und Zusammenarbeit eine entscheidende Rolle. Wir haben sowohl beim Kohärenzsinn Antonovsky´s als auch im Resilienzkonzept die gesunderhaltende Funktion der Spiritualität, des „Sinnerlebens“ kennengelernt.

Erarbeiten Sie als Führungskraft mit Ihren Mitarbeiter*innen ein sinnstiftendes „WHY", wie Simon Sinek[10] es bezeichnet. Beantworten Sie gemeinsam die Frage:

„Wofür sind wir hier zusammen?"

Und ganz wichtig:

Schreiben Sie die Werte nicht nur in Hochglanzbroschüren, sondern leben sie. Agieren Sie selbst dabei als Vorbild, und inspirieren Sie andere, diese Werte ebenfalls zu leben.

Dass diese „spirituelle Führung" nicht nur Gesundheit fördert, sondern auch wirtschaftlicher Erfolg daraus resultiert, haben wir am Beispiel von Bodo Janssen und „Upstalsboom" sehen können. Er hat diesen Weg gemeinsam mit seinen Mitarbeiter*innen beschritten. Kein einfacher, leichter Weg UND gleichzeitig ein bereichernder. Spirituelle (Unternehmens-)Führung ist möglich und leistet einen enormen Beitrag zur Gesundheit und zum Wohlbefinden der Beteiligten.

Was ist Ihr „WHY" als Führungskraft? Wofür haben SIE eine Führungsaufgabe übernommen? Welche Werte wollen Sie gemeinsam mit Ihrem Team (er)leben?

Nachdem wir gesunde Führung unter bio-psycho-sozialen und spirituellen Aspekten kennengelernt haben, betrachten wir nachfolgend, wie Sie als Führungskraft die vier Resilienzfaktoren Selbstvertrauen, Selbstmitgefühl, Soziale Unterstützung und Sinn („4S") stärken können. Sie werden Überschneidungen erkennen, dennoch erscheint es uns bedeutsam, darauf noch einmal separat einzugehen.

---

[10] https://simonsinek.com

Ubuntu

14 Das Ubuntu-Prinzip

Aus den unzähligen Berichten von erschöpften Führungskräften haben wir den Eindruck gewonnen, dass die Kultur der Kommunikation und des Konfliktmanagements, der Umgang miteinander, sowie das daraus resultierende „Betriebsklima" nicht selten als sehr kraftraubend wahrgenommen wird.

Konkurrenz, Gegeneinander statt Miteinander, „Stühle-Sägen", Intrigen, bis hin zu Mobbing und Bossing nehmen im Coaching oft einen breiten Raum ein.

Auf UBUNTU sind wir aufmerksam geworden, als wir uns intensiv mit der Frage befasst haben, wie ein gesünderes Miteinander in Unternehmen stattfinden könnte.

Ubuntu wird auf Wikipedia als eine Lebensphilosophie bezeichnet, die im alltäglichen Leben insbesondere im südlichen Afrika praktiziert wird.

Ubuntu steht für „Menschlichkeit", „Nächstenliebe" und „Gemeinsinn", sowie die Erfahrung und das Bewusstsein, dass jeder Einzelne Teil eines Ganzen ist.

Was das konkret für das Zusammenleben der Menschen dort bedeutet, mag nachfolgende Geschichte verdeutlichen, die uns immer wieder aufs Neue berührt.

Ein europäischer Forscher bot den hungrigen Kindern eines afrikanischen Stammes ein gemeinsames Spiel an.

Er nahm einen Korb mit süßen Früchten, platzierte diesen unter einem Baum und sagte:

„Wer den Baum zuerst erreicht, dem gehört der ganze Obstkorb!"

Dann gab er das Signal zum Start.

In dem Moment nahmen sich die Kinder gegenseitig an den Händen, liefen miteinander im Gleichschritt los, setzten sich gemeinsam um den Korb und genossen die leckeren Früchte.

Auf die Frage des Forschers, warum sie das getan hätten, wo doch jeder die Chance gehabt hätte, alles für sich alleine „erobern“ zu können, entgegneten sie ihm:

„UBUNTU!”

„Wie könnte einer von uns zufrieden sein und die Früchte genießen, während die anderen leer ausgehen und traurig sind? In unserer Kultur heißt es: ICH BIN, WEIL WIR SIND.”

Vielleicht können wir in unsere (Unternehmens-)Kultur ein wenig von dieser Haltung integrieren?

Vielleicht ist dies ein Schritt in Richtung eines menschlicheren und gesünderen Miteinanders und somit einer resilienten Führung?

Die Entscheidung liegt bei Ihnen. Uns war es ein Anliegen, dieses Beispiel aus einer anderen Kultur mit Ihnen zu teilen.

Vom Fahrschüler zum Fahrlehrer

15 Der Zieleinlauf inkl. Zertifikatsübergabe

Wir sind am Ende des Buches angelangt. Sie haben Ihren persönlichen „Resilienz-Führerschein“ absolviert, die Ausgangsbasis, sich selbst und andere gesund führen zu können.

Wie sehr hätten wir uns für unsere Führungsaufgabe eine derartige Orientierungshilfe gewünscht. (Mit-)Verantwortung für die Gesundheit und das Wohlbefinden von Menschen zu tragen, ist eine große Herausforderung. Damit Führungskräfte dieser Verantwortung gerecht werden können, sollten sie in ihren Unternehmen entsprechend vorbereitet und gefördert werden. Diese Förderung darf mit der Vermittlung von Wissen beginnen.

Resilienz darf aber nicht ausschließlich mit einem Blick auf das individuelle *Verhalten* betrachtet werden, sondern darf stets durch einen Blick auf die sozialen und strukturellen Verhältnisse, in denen sich dieses Individuum bewegt, ergänzt werden.

Diese Betrachtung findet aus unseren Erfahrungen jedoch noch zu selten statt. Manchmal könnte beinahe der Eindruck gewonnen werden, dass dies eher unerwünscht ist. Sie möchten ein Beispiel? Sehr gerne.

Anruf eines Unternehmens bei Resilienz Consulting:

„Sie führen doch Resilienztrainings durch, das brauchen wir dringend bei uns!“

Im Gespräch mit dem potenziellen Kunden stellt sich sehr schnell heraus, dass es ausschließlich darum geht, die Mitarbeitenden an die harten, aus unserer Sicht höchst toxischen Verhältnisse im Unternehmen „anzupassen“.

Die Mitarbeitenden sollen psychisch widerstandsfähiger „gemacht werden“, um der extremen Arbeitsverdichtung, den permanenten Zusatzdiensten, dem rauen Umgangston, den Einschüchterungen und Kündigungsandrohungen, sowie den unmenschlichen Rahmenbedingungen „besser standhalten" zu können.

Resilienztraining, um Menschen abzuhärten und somit zu befähigen, den wenig wertschätzenden, entwürdigenden Bedingungen standzuhalten.

Eine Ausnahmesituation? Aus unserer Erfahrung leider nicht, wir würden uns wünschen, dass dem so wäre. Bedauerlicherweise führen Auftragsgespräche – je tiefer die eigentlichen Hintergründe und Motive eruiert werden – letztendlich nicht selten zu der Entscheidung, dass an den Verhältnissen doch lieber nicht „gerüttelt" werden sollte. Alles soll möglichst beim Alten bleiben. Eine „Wasch´ mich, aber mach´ nicht nass"-Mentalität.

Der Mensch soll sich verändern, anpassen, resilienter werden, die Verhältnisse sollen bestehen bleiben. Der Mensch im Mittelpunkt?

Das ist nicht unser Verständnis eines gesunden und resilienten (Zusammen-)Lebens, das ist keineswegs am Menschen orientiert und auch nicht gesund. Es ist eher das Gegenteil von Resilienz, denn wie wir gesehen haben, braucht diese Selbstvertrauen, Soziale Unterstützung, Sinn und Selbstmitgefühl. Anpassen an und funktionieren in unveränderbaren Verhältnissen ist hier eher kontraindiziert.

Deshalb nehmen wir derartige Aufträge auch nicht an. Wir möchten keine Unterstützer toxischer Unternehmenskulturen sein.

Für uns bedeutet Resilienzstärkung, dass die Lebewesen im Mittelpunkt stehen, nicht die Strukturen. Die Menschen, die in gewissen Verhältnissen arbeiten, dürfen nach intensiver Betrachtung ihrer 4 Reifen, auch zu dem Entschluss kommen, dass Ihnen bestehende Rahmenbedingungen nicht (mehr) guttun.

Und dies sollte auch zum Ausdruck gebracht werden dürfen, diskutiert und verändert werden. Wenn eine Veränderung nicht möglich und/oder gewünscht ist, seitens des Unternehmens, dann muss auch ein „Leave it“ praktiziert werden dürfen.

Das ist unser Anspruch an Unternehmen, dass nichts a priori ausgeschlossen werden darf, weil dies bereits den Erhalt des Status Quo vor die Bedürfnisse und Werte der Mitarbeitenden stellen würde.

In den seltensten Fällen haben wir erlebt, dass sich die Wege anschließend tatsächlich trennen. Was wir aber fast durchgängig feststellen, sind eine intensive Kommunikation, Diskussion und Auseinandersetzung im Hinblick auf notwendige und sinnvolle Veränderungsmaßnahmen. Sei es sozial, strukturell oder organisational. Und meist bewegen sich die Verhältnisse hin zu einem menschlicheren und gesünderen Miteinander.

Wenn wir mit dieser zutiefst am Menschen orientierten Vorgehensweise in Unternehmen gehen, stellen wir immer wieder fest, dass dies häufig noch als sehr befremdlich wahrgenommen wird. Trotz NEW WORK, AGILER FÜHRUNG und all der anderen innovativen Konzepte. Werkzeuge, Methoden, Instrumente und Tools werden eben stets von Menschen eingesetzt. Und das setzt eine intrinsische Motivation, Veränderungsbereitschaft und -fähigkeit, Mut, ein Verlassen der Komfortzone und Geduld voraus.

Bis es soweit ist, dass der Mensch im Unternehmenskontext wirklich im Mittelpunkt steht, und auch in Betracht gezogen wird, dass die Verhältnisse infrage gestellt und (mit)verändert werden, können wir Ihnen nur dies mit auf den Weg geben:

Passen Sie gut auf sich auf. Gehen Sie in die Selbstzuwendung.

Vertrauen Sie sich selbst. Und erlauben Sie sich immer wieder die selbstfürsorglichen Fragen:

Love it? Change it? Or leave it?

Love it!
Leave it!
Change it!

Finden Sie Ihre eigene Antwort in:

SelbstverANTWORTung.

Resilienz
Führerschein

Miriam Musterfrau

15.03. 1981 München

hat erfolgreich den Resilienz-Führerschein

in Theorie und Praxis bestanden.

RESILIENTE SELBSTFÜHRUNG:

-Selbstreflexion,

- mein persönliches Belastungs- und Ressourceninventar

RESILIENTE FÜHRUNG:

- gesunde Kommunikation und Konfliktlösung

16 Die Führerscheinfragen

1. Warum sollten wir uns wesentlich stärker mit den Themen Resilienz und Gesunde Führung befassen? Welche Gründe sprechen aus individueller, kollektiver und wirtschaftlicher Sicht dafür?
2. Welche Erfahrungen haben Sie persönlich mit „Der Mensch steht bei uns im Mittelpunkt" in Ihrem bisherigen Arbeitsleben gesammelt?
3. Wie könnte der Mensch im Unternehmenskontext aus Ihrer Sicht (noch) stärker in den Mittelpunkt gestellt werden, um gesündere Arbeitsverhältnisse zu erschaffen?
4. Resilienz, Gesundheit, Wohlbefinden ist (D)ein Wagen mit 4 Rädern. Welche vier Räder sind das?
5. Welche Aspekte befinden sich im Bio-Reifen unseres Wagens? Was beeinflusst unser körperliches Wohlbefinden?
6. Falls Sie diesen Reifen als Schwachstelle an Ihrem Wagen identifiziert haben, was werden Sie zukünftig zur Stabilisierung Ihres Fahrzeugs tun?
7. Welche Aspekte befinden sich im Psycho-Reifen unseres Wagens? Wodurch wird unser psychisches Wohlbefinden beeinflusst?
8. Falls Sie diesen Reifen als Schwachstelle identifiziert haben, wie möchten Sie ihn gerne zukünftig mit Luft befüllen?
9. Welche Aspekte befinden sich im Sozio-Reifen unseres Wagens?
10. Wie möchten Sie Ihren sozialen Reifen zukünftig kraftspendend(er) gestalten?
11. Welche Aspekte befinden sich im spirituellen Reifen des Wagens?
12. Falls dieser Reifen noch in der Garage steht – was gar nicht so selten der Fall ist – wann und wie möchten Sie ihn montieren? Was wollen Sie zukünftig „Sinnhaftes" in Ihr Leben integrieren?

13. Wie würden Sie die Frage „Was ist Resilienz?“ beantworten?
14. Was sind die elementaren Resilienzfaktoren? („4S“)
15. Wenn das Vertrauen in uns selbst einer der wesentlichen Faktoren für ein resilientes Leben darstellt, wie können wir dies erreichen? Was sind die einzelnen Stufen auf dem Weg zum Selbstvertrauen?
16. Worin sehen Sie den Unterschied zwischen “Sozialen Kontakten” und „Sozialer Unterstützung“?
17. Spiritualität und Sinn als eines der „4S“. Was ist für Sie persönlich „Der Sinn des Lebens“?
18. Selbstmitgefühl als gesunderhaltender, resilienzstärkender Faktor. Was ist darunter zu verstehen?
19. Wie können Sie dieses Wissen um eine resiliente Selbstführung im nächsten Schritt auf die resiliente Führung von Mitarbeitenden übertragen?
20. Wo sehen Sie Hürden oder Herausforderungen bei der Umsetzung gesunden Führens im Unternehmenskontext? Welche Erfahrungen haben Sie möglicherweise bereits damit gesammelt?
21. Können Sie sich vorstellen, dass alle vier Elemente eines gesunden Daseins in Unternehmen gelebt werden können, also sowohl die bio-psycho-sozialen als auch das spirituelle?
22. Wie können Sie als Führungskraft zur biologischen Stärkung beitragen?
23. Was können Sie als Führungskraft für die psychologische Stärkung tun?
24. Wo sehen Sie Gestaltungsmöglichkeiten hinsichtlich des sozialen Aspekts?
25. Wie können Sie als Führungskraft die Sinnhaftigkeit im Arbeitskontext integrieren?
26. Was ist unter „Management by Wandering around“ zu verstehen?
27. Welche Haltung haben Sie generell Ihren Mitmenschen gegenüber?

28. Welcher Haltung – nach dem Modell von Mc Gregor – würden Sie eher zustimmen? X oder Y?
29. Steht bei Ihnen eher der Mensch im Mittelpunkt oder das Ergebnis? Trigger-Frage: Und wie sieht dies in Krisenzeiten und unter zunehmendem Druck aus?
30. Würden Sie sich selbst als resilient bezeichnen?
31. Welches/welche der „4S“ sind bei Ihnen bereits sehr stark ausgeprägt, welche weniger?
32. Wie resilient schätzen Sie Ihre Teammitglieder ein?
33. Wie resilient schätzen Sie Ihr Team ein?
34. Wie könnten Sie Ihr Team resilient(er) machen?
35. Wird in Ihrem Unternehmen bereits eine „Psychische Gefährdungsbeurteilung“ durchgeführt?
36. Haben Sie in Ihrer Abteilung oder Ihrem Bereich die psychischen Gefährdungen erhoben?
37. Welche Gründe sind aus Ihrer Erfahrung dafür verantwortlich, dass gerade einmal ein Drittel der Unternehmen die psychischen Gefährdungspotenziale erhebt?
38. Gibt es in Ihrem Unternehmen Fälle von Burnout, Depression, Mobbing, Bossing oder Suizid?
39. Wie wird in Ihrem Unternehmen mit diesen Herausforderungen umgegangen?
40. Fühlen Sie sich als Führungskraft bereits adäquat unterstützt oder bräuchten Sie (noch) mehr Unterstützung, um Ihrer anspruchsvollen Aufgabe und Ihrer Fürsorgepflicht nachkommen zu können?
41. Nehmen Sie Tabuisierung und Stigmatisierung wahr?
42. Was findet in Ihrem Unternehmen an Betrieblicher Gesundheitsförderung statt?
43. Was würden Sie an gesundheitsfördernden und resilienzstärkenden Maßnahmen für sinnvoll oder sogar notwendig erachten?

44. Beschreiben Sie die einzelnen Stufen der „Treppe ins Selbstvertrauen“
45. Welchen ersten Schritt braucht es dafür?
46. Weshalb fällt uns der erste Schritt nicht selten so schwer?
47. Was ist ein Belastungs- und Ressourceninventar?
48. Was versteht man unter dem Begriff „Salutogenese“?
49. Welche Haltung bringt UBUNTU zum Ausdruck?
50. Welche Impulse möchten Sie als Führungskraft ab morgen in Ihr Unternehmen einbringen? Was würden Sie gerne anregen/umsetzen?

17 Über die Autoren

Wolfgang Roth

Als Wirtschaftspsychologe, Therapeut und Führungskräfte-Coach befasst er sich seit einem Vierteljahrhundert mit den Themen Salutogenese, Burnout-Prävention, Stressmanagement und Resilienz.

Er versteht sich als Brückenbauer zwischen den Welten Wirtschaft und Psychologie, deren Verknüpfung immer wichtiger wird.
Gerade für Führungskräfte, die sich selbst und ihre Mitarbeitenden gesund und resilient führen sollen.
Diese Kompetenz setzt eine gesunde Selbstführung voraus.

Danny Herzog-Braune

Mit seinen beiden abgeschlossenen Studiengängen in Staats- und Sozialwissenschaften und seinem Master of Business Administration hat er ein hervorragendes systemisches Verständnis vom Zusammenspiel menschlichen Denken und Handelns, organisationellen Strukuren und Prozessen, sowie den betriebs- und volkswirtschaftlichen Hintergründen.

Als Spezialist für resiliente Selbst- und Teamführung berät er seit langem Unternehmen im Hinblick auf individuelle und organisationale Resilienz.

Seine eigene Resilienz hat er sowohl im Kriegseinsatz als auch bei Unternehmensgründungen mehrfach unter Beweis gestellt.
Ein Mann der Praxis.

Tim Robert Zander

Der Spezialist für die Verbindung von Agilität und Resilienz in Unternehmen.

"Ohne Resilienz keine nachhaltige Agilität", ist seine Überzeugung. Viele Startups hat er begleitet und selbst einige Unternehmen (mit-)gegründet.

Ein Visionär und Netzwerker par excellence, der unter der Personenmarke des Startup-Wikingers in den sozialen Medien auftritt.
Mit seiner unbeschreiblichen Energie und Innovationskraft begleitet er Unternehmen in neue Dimensionen der (Zusammen-)Arbeit.